低碳绿色建筑设计与工程技术

雷 莉 刘文炼 张建华 著

中国建材工业出版社

北 京

图书在版编目（CIP）数据

低碳绿色建筑设计与工程技术/雷莉，刘文炼，张
建华著. --北京：中国建材工业出版社，2024.6
　　ISBN 978-7-5160-4189-5

Ⅰ. TU201.5

中国国家版本馆 CIP 数据核字第 2024DG7487 号

低碳绿色建筑设计与工程技术
DITAN LÜSE JIANZHU SHEJI YU GONGCHENG JISHU
雷　莉　刘文炼　张建华　著

出版发行：中国建材工业出版社
地　　址：北京市西城区白纸坊东街 2 号院 6 号楼
邮　　编：100054
经　　销：全国各地新华书店
印　　刷：北京印刷集团有限责任公司
开　　本：787mm×1092mm　1/16
印　　张：11.25
字　　数：152 千字
版　　次：2025 年 1 月第 1 版
印　　次：2025 年 1 月第 1 次
定　　价：65.00 元

前　言

　　人类生活环境的恶化和传统石化能源的枯竭，使人们越来越清醒地认识到人类与自然和谐共生是十分重要的。低碳绿色建筑设计，不但能够很大程度节约能源，更能在保护环境和减少污染问题上提供建设性的成果。可以说低碳绿色建筑设计是建筑设计未来的发展方向。低碳绿色建筑设计是人们在经历了长期发展后理性反思的结果。我国是个人口基数庞大的国家，人均资源匮乏，因此在我国推行低碳绿色建筑设计，不仅仅是出于资源匮乏的考虑，更加是对我国长远的资源保护和环境保护的规划。绿色建筑设计的重要任务是确保使用者的健康，要保证室内空气质量、热环境、噪音和电磁场辐射等因素对人的影响。设计中尽可能地采用低毒或无毒材料；选择材料、建筑系统和机被系统时尽量减少木制品、地毯、涂料、密封膏、织物等潜在的对健康不利的污染物，合理组织自然通风，设置进风口和必需的出风口，引风入室。改善室内热环境，包括温度、湿度、辐射温度和气流等，提高人体舒适性。提高水质量，有条件的可以选用直饮水。合理进行自然采光，既满足人类健康的需要，又满足视觉美学的需要，同时达到节能的效果。通过改进细部设计和建造方法，以及采用吸声材料来提高建筑的隔音效果。在建筑建成后使用过程中会消耗大量的能耗，所以应重点从建筑本身来做好节能设计，可通过建筑体型设计达到节能效果，如平面布局、平面形状、进深、体形系数、表面面积系数、长宽比和朝向等因素，都与建筑的节能效果有很大关系。

本书首先从低碳建筑理论基础介绍入手，针对低碳建筑的规划、装修和装饰及其与智慧建筑之间的关系进行了分析研究；其次对低碳建筑设计层面、绿色建筑规划及设计要素、不同建筑类型的绿色建筑设计、绿色建筑设备系统节能技术做了一定的介绍；最后还对绿色生态理念的建筑规划技术做了简要分析；旨在摸索出一条适合绿色建筑规划与设计工作的科学道路，帮助其工作者在应用中少走弯路，运用科学方法，提高效率。

本书在写作过程中得到了广大同事的帮助，也参考了许多同行及相关领域专家的文献资料，在此表示衷心的感谢！由于作者水平有限，时间较为仓促，书中有遗漏或不足之处，敬请广大读者和专家提出宝贵意见。

目　录

第一章　低碳建筑理论基础

第一节　低碳建筑的规划

一、城市建筑低碳发展是应对气候变化的客观要求

(一)城市低碳发展是解决气候变化问题的关键

人类住区的出现是社会生产力发展到一定历史阶段的产物。人类住区发展史可以说就是一部人类住区的建设史。人类住区发展建设受自然、社会、经济、文化和科技等诸多因素的影响,在人类住区建设史上,主要有自发建设和规划建设两种发展、建设方式。这两种形式体现在人类住区形成和发展的全过程。从古至今,它对某一城乡聚居点而言,在空间和时间上都有可能是并存的,不同的时期经历不同的方式或兼而有之,绝对属于某一类型的城市和乡村几乎没有。这两种建设方式除受自然地理条件、社会经济技术条件等制约外,还受到当时当地人们的思想观念的深刻影响,即人类住区建设实践活动一定程度上体现了其深层次的价值取向,反映人们对理想住区和美好生活环境的追求和认识。由于城市是人类建设活动最集中、最频繁的聚居形式,对于人类的生产活动、生活方式与思想观念的影响也最为深刻。

从城市的内涵来看,它具有一定规模的聚居人口,其居民大多数都从事非农活动。城市通常是一定地域范围的经济、文化中心。人类社会的生产生活造就了城市的诞生,城市的劳动力水平高低由这座城市的文明发展程度决定,同时还决定了这座城市居民生活水平的高低。城市让生活更美好,但同时城市也给人们带来了一些苦恼。一方面,随着城市化的快速发展,城市消费和生产所排出的温室气体已占到温室气体总量的70%,城市成为当今世界最大的温室气体来源;另一方面,气候变化也给城市发展及其不断增长的人口带来了新的挑战,其影响波及城市供水、基础设施建设、交通服务、生态系统、能源供应、工业生产以及城市居民的生计等方面。另外,还有许多研究都表明,工业、建筑、交通成了城市三大高能耗、高排放领域。

(二)建筑行业是城市耗能和碳排放的大户

基础设施、楼宇建筑是城市物质结构最显著的代表,也是城市的主体结构。建筑行业则是城市消耗资源、能源,并排放有毒、有害气体的大户。一个经常被忽略的事实是:建筑在二氧化碳排放总量中,几乎占到了50%,这一比例远远高于运输和工业领域。有关统计数据显示,当前我国每建 $1m^2$ 房屋要消耗 $0.8m^2$ 土地、55kg 钢、0.15t 标煤、$0.25m^3$ 混凝土,并排放出 0.75t 二氧化碳。可见在建筑领域中的能耗和碳排放是十分显著的。

建筑行业温室气体的排放问题对周围环境的影响是很大的。全球建筑行业对环境的影响可以通过以下数据得以充分说明:建筑行业碳排放占全球碳排放总量的 33%,建筑行业的能源消耗占全球能源消耗总量的50%,建筑行业的水资源消耗占全球水资源消耗总量的 50%,建筑行业的原材料消耗占全球原材料消耗总量的 40%,建筑行业造成的农地损失占全球农地损失总量的 80%;同时,建筑行业在空气污染、温室气体排放、固体废物、氟氯化合物和人类垃圾总量等方面占据近一半的比例。

全生命周期的建筑设计对于建筑行业的减排是具有积极意义的。建筑的全生命周期包括建筑材料准备、建造、使用、拆除、处置、回收 6 个阶段,在各个阶段都会相应地产生较大的碳排放。

因此,尽快地建设绿色低碳城市住宅项目,实现节能技术创新,建立城市建筑低碳排放体系,注重建设过程的每一个环节,以有效控制和降低建筑的碳排放,并形成可循环持续发展的模式,最终使建筑物实现有效的节能减排,并且达到相应的标准,是我国房地产行业走上健康发展的必由之路,也是开发商们义不容辞的责任。

(三)城市建筑低碳发展是未来一大趋势

我国是一个发展中国家,又是一个建筑建设大国。随着经济的快速发展和人民生活水平的日益提高,我国城乡居民的消费结构从"衣、食"逐步向"住、行"方向升级,生活从生存型向舒适型转变,对建筑面积、建筑室内环境舒适度等居住条件的要求逐渐提高,导致建筑能耗持续上升,并将成为未来几十年能耗和排放的主要增长点。在这样的背景下,如果新建建筑遵循节能建筑和绿色建筑标准,对既有建筑进行节能改造,不仅有助于解决我国自身发展的碳排放瓶颈问题,更能为缓解世界环境压力作出巨大贡献。

另外,还有一个事实同样不容否认,即中国当前正处于高速城市化的发展阶段。每年不仅要新建大面积的房屋,同时也要对近 400 亿 m^2 的建筑进行改造。在新建和改造房屋的过程中必将有大量的基础材料投入。从钢梁、水泥到铝制品,还有其他的城市基建和楼房建造中所用到的建设材料,几乎所有的东西都会产生较高的碳排放。尽管这些问题可以得到一定程度的解决,但是我国在城市化的进程中必将伴随较高的碳排放。这是一个值得高度重视的问题。

所谓低碳建筑,是指在建筑材料与设备制造、施工建造和建筑物使用的整个生命周期内,减少化石能源的使用,提高能效,降低二氧化碳排放量。目前低碳建筑已逐渐成为国际建筑界的主流趋势。城市低碳建筑强调的是城市二氧化碳排放量的降低,但并不能以牺牲建筑本身的功能为代价,否则就要回归原始社会,这就失去了低碳建筑存在的意义了。因此,低碳建筑的核心应当是在满足功能需求的情况下,在整个建筑生命周期内减少化石能源的使用,充分利用可再生能源,最大限度地减少温室气体排放。倡导低碳建筑,不仅是对建筑行业的发展模式提出新的要求,也是一次革命性的产业结构挑战。目前,在低碳城市建设过程中,国内许多城市也纷纷在低碳建筑领域做了一些实践探索。

实践表明,发展绿色低碳建筑可以节省相关能源的投资、提高系统可靠性、保障能源安全、减少贫困、改善当地和房屋的环境质量、提高居住者的工作效率、创造新的商业机会带动就业等。因此,建设低碳城市,推动绿色低碳建筑发展,不仅对于减缓温室气体排放、应对气候变化意义重大,而且对于促进经济又好又快发展也具有重要意义。

二、以绿色低碳理念编制城市总体规划和控制性详细规划

(一)城市规划的概念与特点

规划是融合多要素、多人士看法的某一特定领域的发展愿景,意即进行比较全面的长远的发展计划,是对未来整体性、长期性、基本性问题的思考、考量和设计未来整套行动的方案。提及规划,部分政府部门工作同志及学者都会视其为城乡建设规划,把规划与建设紧密联系在一起。因此,提及规划就要考虑土地征用、规划设计图纸等一系列问题。其实,这是对规划概念以偏概全的理解。

规划需要准确而实际的数据以及运用科学的方法进行从整体到细节的设计。依照相关技术规范及标准制定有目的、有意义、有价值的行动方案。其目标具有针对性,数据具有相对精确性,理论依据具有翔实及充分性。规划的制定从时间上需要分阶段,由此可以使行动目标更加清晰,使行动方案更具可行性,使数据更具精确性,使经济运作更具可控性以及收支合理性。一般而言,8年以上为远期规划。规划讲究空间布局的合理性:①特定领域规划应与土地开发规划、城市发展规划和区域发展规划协调统一;②局部区域规划、整个区域规划、国家规划势必重叠,但应相互包容。

合理的规划要根据所要规划的内容,整理出当前有效、准确及翔实的信息和数据。并以其为基础进行定性与定量的预测,而后依据结果制定

目标及行动方案。所制订的方案应符合相关技术及标准,更应充分考虑实际情况及预期能动力。现实生活中,规划是实际行动的指导,因此目标必须具备确定性、专一性、合理性、有效性及可行性。其作为实际行动的基础,更应充分考虑实际行动中的可能情况,以及对未知的可能情况做具体的预防措施,以降低规划存在的漏洞或实际行动中的可能情况的发生所产生的不可挽回的后果或影响。

1. 综合性和复杂性

城市规划几乎涉及各个行业和各个领域,内容庞杂,综合性很强。城市中的任何建设行为都与规划密切相关,都是规划管理的对象。从地域看,它包括了城市、郊区、天上、地下,民用、军用、院内、院外;从行业看,它涵盖了工业、农业、科技、教育、医疗卫生、体育文化、房产园林、市政公用、电力通信等各行各业;从规模看,大到长江大桥、地铁、开发区,小到公厕、传达室、广告牌等。因此,城市规划必须全面、综合地安排城市空间,合理利用土地,同时还需要得到各个专业部门的密切配合,需要广泛沟通,反复征求意见,不仅要维护城市利益和公众利益,也要综合考虑和平衡各方的利益。

2. 刚性和弹性

城市规划的刚性主要是指经过法定程序批准的城市规划成果中确定的强制性控制内容,包括城市的布局结构、城市特色地段的保护控制、"六线"(指道路红线、河道蓝线、绿地绿线、文物古迹紫线、高压走廊黑线、轨道交通橙线)的控制范围等,以及有关法律法规规定的规划控制要求。这些刚性要求是城市规划实施管理的主要依据,每一个建设项目都必须按照这些要求进行设计和建设,不得违反。但是,城市规划的社会科学属性又决定了规划不可能都是刚性内容,它必须具有一定的弹性。这是由于城市规划涉及各个行业和领域,内容综合,情况复杂,变数很多;而城市规划的目标主要是对城市空间作出合理安排,进行控制管理,并非事无巨细都要作出强制规定;此外,由于认识原因和规划学科的特点,城市规划在很多时候、很多方面所作的结论往往也不是唯一的。

3.前瞻性和延滞性

城市规划是对城市未来发展的预见和安排。要科学地预见城市的未来,就要求城市规划尊重客观规律,减少盲目性,增加弹性,以适应未来的形势变化。另外,城市规划的正确、合理与否,需要在建设实践中得到检验。但建设有一个过程,有的过程还相当漫长,必然滞后于规划方案的编制和确定。因此,我们同样应该用前瞻的眼光来认识城市规划。

4.可参与性和公开性

城市规划涉及的土地利用、建筑形态、交通、社区以及其他很多内容都是公众所熟悉的,从现象上看,并非深奥的专业领域。而城市规划决策带来的城市建设状况和城市面貌的改变也是公众都看得见、摸得着的。同样,规划所犯的错误也是难以遮掩的。因此,城市规划具有广泛的社会性,也可以说,每个城市居民都有权对规划发表自己的见解。

结合我国现有城乡规划编制体系,低碳城市规划可以有以下 3 种编制类型:①现行城乡规划编制体系以外的低碳城市规划,作为一种新类型的规划;②作为现行城市规划的组成部分进行编制,以专项规划或独立篇章的形式纳入现有城乡规划体系;③低碳理念融入现有法定城乡规划编制体系中,在城市各项规划内容中实现低碳目标,落实到用地布局、交通模式、产业发展和设施建设中。从今后的发展看,低碳理念融入现有法定城乡规划编制体系应是主要方向,是城市规划自身发展创新的一个重要方面。

(二)以绿色低碳理念编制城市总体规划

城市总体规划是指城市人民政府依据国民经济和社会发展规划以及当地的自然环境、资源条件、历史情况、现状特点,统筹兼顾、综合部署,为确定城市的规模和发展方向,实现城市的经济和社会发展目标,合理利用城市土地,协调城市空间布局等所做的一定期限内的综合部署和具体安排。因此,城市总体规划所表达的是城市政府对城市空间发展战略方向的意志。城市总体规划是城市规划编制工作的第一阶段,也是城市建设和管理的依据。

城市总体规划是我国城乡规划立法和审批的重要内容,具有明确的法律地位,是城市规划的重要组成部分。它是编制城市近期建设规划、详细规划、专项规划和实施城市规划行政管理的法定依据。各类涉及城市发展和建设的行业发展规划,都应符合城市总体规划的要求。由于具有全局性和综合性,我国的城市总体规划不仅仅是专业技术,同时更重要的是引导和调控城市建设,保护和管理城市空间资源的重要依据和手段,因此也是城市规划参与城市综合性战略部署的工作平台。

城市总体规划要因地制宜地、合理地安排和组织城市各建设项目,采取适当的城市布局结构,并落实在土地的划分上;要妥善处理中心城市与周围地区及城镇、生产与生活、局部与整体、新建与改建、当前与长远、平时与战时、需要与可能等关系,使城市建设与社会经济的发展方向、步骤、内容相协调,取得经济效益、社会效益和环境效益的统一;要注意城市景观的布局,体现城市特色。

城市总体规划发展原则包括以下几点:①科学规划。加强高新区规划与国民经济和社会发展、城市建设、土地利用、环境保护、主体功能区以及产业布局规划的充分衔接,既要高起点、高标准制订发展规划,又要严格按照规划建设发展。②聚集发展。推动高新产业、优势企业和优势资源向高新区集中,充分发挥区位、资源、产业等优势,把握市场需求,推动同业集聚和产业协作,实现区内产业错位发展,积极发展关联性强、集约水平高的产业集群和特色鲜明的区域产业品牌。③创新发展。探索建立政府主导、业主开发、政企共建、项目先行的有效运行模式。支持高新区建立区域技术创新和高新技术孵化器,搭建产学研联合创新平台,形成技术创新强势聚集区。④可持续发展。充分发挥高新区产业集聚、集约发展功能,切实推进经济增长方式转变。有效整合产业链,加强资源综合利用,发展循环经济,扎实推进节能降耗。

以绿色低碳理念编制城市总体规划就是要在规划层面严格控制城市能耗和碳排放,这要求城市积极走低碳发展道路,即要对低碳城市的发展作出总体规划,它涉及城市各个方面的资源整合和总体部署。城市总体规划的编制必须将碳审计贯穿建设依据、框架、技术论证和方案等各个环节,要从城市规划在总体规划层面确保基本的碳排放量管理框架,建议在城市总体规划中明确一系列的碳排放指标体系。同时,要在总体规划编制工作中制定城市碳排放专题规划报告,并针对总体规划不同比较方案,从控制碳排放政策的角度提出合理建议。毋庸置疑,低碳城市规划本身并非一项简单的工作,而是一个庞大的、复杂的系统工程。以绿色低碳理念编制城市总体规划,事实上是指将绿色低碳理念在城市规划中得以应用,这意味着对现有的城市规划理论和体系的遵从,即外围的大框架、大环境不发生变化,只是在城市规划编制中对于具体的角度、具体的方法进行更新与变化,这种做法具备极大的可操作性。

在城市的规划和布局中,很少有规划部门遵循应对气候变化的要求进行城市规划,且常与能源规划等同起来。应对气候变化的重点不仅仅是减缓,还包括适应、土地利用、绿色植被、消除热岛效应、建筑物色调涂层、开发低碳应用技术、城乡协调规划等。因此,在低碳城市规划实践过程中,将绿色低碳理念融入城市规划法定编制体系,促进城市规划的不断完善和发展创新,是低碳城市规划得到有效实施的关键。

(三)以绿色低碳理念编制城市控制性详细规划

控制性详细规划以城市总体规划或分区规划为依据,确定建设地区的土地使用性质、使用强度等控制指标、道路和工程管线控制性位置以及空间环境控制的规划。控制性详细规划主要确定的内容包括:地块的用地使用控制和环境容量控制、建筑建造控制和城市设计引导、市政工程设施和公共服务设施配套、交通活动控制和环境保护规定。从本质上来说,控制性详细规划是在微观层次上对城市土地资源合理配置和对城市建设开发行为的控制和调节。具体内容可以归纳为3个方面:①城市土地资源配置的定性控制最终确定土地使用用途和兼容的用途,即确定用地使用性质;②城市土地开发强度控制制定定量控制要求;③城市土地开发空间位置控制制定定位控制要求。

从功能上来说,控制性详细规划具有以下几点作用:①承上启下,强调规划的延续性。控制性详细规划以量化指标为总体规划的原则、意图、宏观的控制转化为对城市用地及空间的定性、定量控制,确保规划的完善和连续。②它与管理结合、与开发衔接，是城市规划管理的依据。控制性详细规划将抽象的规划原理和复杂的规划要素简化、图解化，并明确规划控制要点，增强了可操作性，为土地批租、开发建设提供了正确的引导，是规划管理的必要手段和主要依据，也是建设项目许可的重要前提条件，直接为管理人员服务。③它充分体现了城市设计的构想。控制性详细规划往往按照美学和空间艺术的处理原则，从建筑单体和建筑群体提出综合性的设计要求和建议，并直接指导修建性详细规划的编制，为管理提出准则和设计框架。④它是城市政策的载体。控制性详细规划作为管理城市空间、土地资源和房地产市场的一种公共政策，包含了广泛的社会、经济、环境等方面的要素。它对引导诸如城市产业结构、城市用地结构、城市人口分布、城市环境保护等方面的政策内容具有综合作用。

控制性详细规划应当包括下列内容：①确定规划范围内不同性质用地的界线，确定各类用地内适建、不适建或者有条件地允许建设的建筑类型。②确定各地块建筑高度、建筑密度、容积率、绿地率等控制指标；确定公共设施配套要求、交通出入口方位、停车泊位、建筑后退红线距离等要求。③提出各地块的建筑体量、体型、色彩等城市设计指导原则。④根据交通需求分析，确定地块出入口位置、停车泊位、公共交通场站用地范围和站点位置、步行交通以及其他交通设施。规定各级道路的红线、断面、交叉口形式及渠化措施、控制点坐标和标高。⑤根据规划建设容量，确定市政工程管线位置、管径和工程设施的用地界线，进行管线综合。确定地下空间开发利用具体要求。⑥制定相应的土地使用与建筑管理规定。

第二节　低碳建筑装修和装饰

一、建筑装修和装饰的绿色环保化要求

(一)装修装饰材料绿色环保化

材料的绿色环保化是室内建筑低碳装修装饰的首要方面。讲究生活品质，追求健康舒适的生活目标，正在逐步成为现代社会的主流认识，因

此,在室内建筑装修装饰中注重绿色环保化的材料成为大众关注的焦点。绿色环保材料主要是指无毒、无害、无污染物、不影响人和环境的安全建筑材料。一般而言,就是向室内空气环境排放污染物低的材料。

(二)装修设计绿色环保化

绿色环保化特点还体现在装修设计方面,如:①通风设计。通过设计使室内外通透,创造出敞开的流动空间,使室内外一体化,让居住者更多地获得阳光、新鲜空气和景色,尽量使各个角落都能进入新鲜空气,不要在门窗附近设置隔断物,以免阻隔空气流通,对于厨房、卫生间等,要设计排风的强制换气,因为只要装修,室内的污染物总是难免的,只是含量的高低问题。通风有利于降低室内环境中污染物,也可减少呼吸道疾病及空调病的发生机会,尽量通过设计把室内做得如室外一般。②添置绿色植物保护健康。在室内适当摆放一些植物,不仅可以吸收室内有害物质。改善室内空气质量,给人一种深居自然环境中的轻松和谐,而且可以烘托家庭氛围,陶冶生活情趣,提高文化品位,让使用者感知自然材质,回归原始和自然。③采用样板房方法。对于多次重复使用同一设计的情况,应先做样板房装修,然后委托有资质的检测单位进行室内空气中氨、甲醛、氡、苯和总挥发性有机物的检测。否则,应根据超标的污染物及其超标程度修改装修设计方案。

(三)装修过程绿色环保化

建筑装修装饰的绿色环保化需要注意的另一个方面是装修过程,即装修装饰的施工过程。绿色装修要求室内装饰行业针对装修后空气中有害物质的浓度低于国家有关标准,即根据《民用建筑工程室内环境污染控制规范》进行评定和验收。而环保装修主要要求工程的实施需要在保证质量、安全等基本要求的前提下,通过科学管理和技术进步,最大限度地节约资源与减少对环境负面影响的施工活动,实现"四节一环保"。

绿色施工总体框架由施工管理、环境保护、节材与材料资源利用、节水与水资源利用、节能与能源利用、节地与施工用地保护 6 个方面组成。绿色施工管理主要包括组织管理、规划管理、实施管理、评价管理和人员安全与健康管理 5 个方面。而环境保护技术一般包括扬尘控制、噪声与振动控制、光污染控制、水污染控制、土壤保护、建筑垃圾控制等方面。

在组织管理方面：①需要成立装饰装修绿色施工管理领导小组和技术分组，架构整体组织和机制运行框架，确定装饰装修工程绿色施工要达到的目标和相应的管理措施，保证施工完成后各项指标符合相关规定，有害物质排放达到《民用建筑工程室内环境污染控制规范》一等室内空气质量标准。②项目经理为绿色施工第一责任人，负责装修工程绿色施工的组织实施及目标实现，并指定绿色施工管理人员和监督人员，在装修施工过程中严格控制材料使用和现场环境，保证从材料到施工工艺都符合绿色施工标准，最终实现绿色施工。

在规划管理方面，需要编制装饰装修工程绿色施工方案。该方案应在施工组织设计中独立成章，由环境专业人员参与施工经验丰富的技术人员不断磋商讨论，确保制定的装饰装修工程绿色施工方案可行，减少与工期、成本等因素的冲突，满足要求后按有关规定进行审批。一般而言，装饰装修工程绿色施工方案应包括以下内容：①环境保护措施，制定装饰装修施工现场环境管理计划及应急救援预案，采取有效措施，降低环境负荷，保护好主体结构受力构件或结构不允许改变的部位不被损害，保证不破坏结构安全，保护地下设施、管网和设备等。②节材措施，在保证工程安全与质量的前提下，严格使用绿色装饰建材并制定节材措施，预先专门研究施工方案的节材优化，建筑垃圾减量化，尽量使用可循环材料等，装饰装修施工中随时注意控制装修材料的使用，以合理利用为目的，尽量减少材料浪费。③节水措施，根据装饰装修工程的特殊性，严格控制装修施工中的用水量，争取水资源循环利用，并制定相应的节水措施。④节能措施，装修施工过程中各种机械使用应优先考虑节约能源为原则，预先进行施工节能策划，确定目标，制定节能措施，使装修施工过程中各种机械、设备的能耗降到最低。⑤节地与施工用地保护措施，制定临时用地指标、临时用地节地措施等。

在实施管理方面：①应对整个施工过程实施动态管理，加强对施工策划、施工准备、材料采购、现场施工、工程验收、绿色施工评价等各阶段的管理和监督，各阶段尽量减少环境负荷，满足绿色施工要求。②应结合装饰装修工程项目的特点,有针对性地对绿色施工作相应的宣传,通过宣传营造绿色施工的氛围,使施工人员和技术管理人员通过对绿色施工环境的耳濡目染,潜意识地对绿色施工达成共识,一步步向绿色施工迈进。③应定期对职工进行绿色施工知识培训,增强职工绿色施工意识,使员工认识到绿色施工的重要性,可适当制定相应奖惩措施来鼓励员工,使其积极主动地进行绿色施工。

在评价管理方面:①对照装饰装修工程绿色施工评价的指标体系,结合工程特点,对绿色施工的效果及采用的新技术、新设备、新材料与新工艺,进行定期自我评估,评估结果用于施工过程中动态调节,做得不足或不到位的地方加以改正,保证全程实施绿色施工。②成立专家评估小组,对装饰装修工程绿色施工方案、实施过程至项目竣工,进行综合评估,得出该绿色施工水平得分,加以总结讨论,逐步完善。

在人员安全与健康管理方面:①制定施工防尘、防毒、防辐射等职业危害的措施,装饰装修材料采购时以满足有毒物质最小排放量的要求,严格控制装饰装修施工现场空气有害气体含量,保障施工人员的职业健康。②合理布置施工场地,保证装饰装修施工中不产生大量空气污染物和有毒气体而影响生活及办公区的正常活动。施工现场建立卫生急救、保健防疫制度,在安全事故和疾病疫情出现时提供及时救助。③为装饰装修施工人员提供良好的生活环境,保障施工人员的健康,同时加强对施工人员的住宿、膳食、饮用水等生活卫生管理,做好生活区卫生防疫工作。

二、建筑装修和装饰的节能低碳化趋势

(一)简约减量化

1.简约设计

就理念而言,现代简约设计注重外形简洁、功能强,比较强调室内空间形态的单一性和抽象性,并且尽力实现所有细节的简洁性。因此,简洁和实用是简约设计风格的两个特点。通过简约设计及其风格的实现,不必要的装修和装饰项目被简化和减少,建材的使用合理而无浪费、工程周期也相应缩短,在满足功能需求的同时减少装修材料的过度使用。

因此,通过简约设计控制各种材料的用量。在房屋装修前的装潢设计时,应考虑少用易造成室内环境污染的特别是污染严重的材料,如胶黏剂、夹层板、细木工板和中密度纤维板等人造木板,应尽量少用贴面工艺及油漆工艺。同时,应注意遵循简洁、实用原则。如果装修设计、施工越复杂,各种功能空间和造型越多,工程量也就越大,使用的主材和辅材就越多,即便是全部使用符合室内装饰装修材料有害物质限量标准的装修材料,施工后装修的成品也可能因为各种有害物释放积累总量超标而造成室内环境污染。因此,房屋装饰应遵循简洁、实用原则,尽可能删除不必要的吊顶、墙面造型,简化门框、窗框,室内装修应力求简洁,不要过于复杂。

2.节约材料

在实际的装修装饰过程中应注重材料节约管理:

(1)装饰装修施工前应制定材料节约方案,严格按照设计计算材料使用量,在进行图纸会审时,应审核节材与材料资源利用的相关内容,力争达到施工过程中材料损耗率比定额损耗率降低 30%。为了避免施工中建筑材料大量堆积而影响施工操作,应根据施工进度、库存情况等制定合理的材料采购计划,合理安排材料进场时间和批次,减少库存。保证现场材料堆放有序。储存环境适宜,措施得当。保管制度健全,责任落实。材料运输时,针对不同材料选择相应的运输机械,装卸时应采取保护和控制措施,合理制定装卸方案,防止损坏和遗撒。材料装卸和运输应尽量避免和减少二次搬运。优化安装工程的预留、预埋、管线路径等方案,使得线路最短,节约材料。就地取材优先原则。

(2)在围护材料中,墙体材料、门窗等围护结构应优先选用耐火性及耐久性良好的绿色装饰装修材料,施工确保密封性、防水性和保温隔热性。门窗材料应采用保温隔热性能好、隔声的型材和玻璃等材料,施工中做到良好的接缝处理,保证门窗密封性好。

(3)在装饰装修材料贴面类材料施工前,应检查材料检验报告单,确定其有害物质含量在国家标准允许范围内,施工时应进行总体板材策划,减少非整块板材的数量,争取节约材料。采用非木质的新材料或人造板材代替天然木质板材,为我国节约森林资源,减少一次性使用资源的浪费。防水卷材、壁纸、油漆及各类涂料基层必须符合质量和环境要求,避免起皮、脱落、挥发有害物质等。各类油漆及黏结剂应随用随开启,不用时及时封闭。幕墙及各类预留预埋应与结构施工同步,避免装修过程中触动主体结构,影响建筑整体安全。木制品及木装饰用料、玻璃等各类板材等宜在工厂采购或定制,采购时应检查生产厂商的绿色建材生产资质,保证其生产的装修材料满足国家环保标准,材料采购到场也应抽样检测,满足限量排放要求方可用于施工。采用自黏类片材,减少现场液态黏结剂的使用量,避免有害气体和刺激气味大量挥发扩散,影响环境。

(4)对于周转材料,选择周转材料时应优先选用耐用、维护与拆卸方便的材料和机具,周转材料以节约自然资源为原则。施工队伍选择时应选择制作、安装、拆除一体化的专业队伍进行装修工程施工。为了最大限度地节约自然资源,装修施工现场办公和生活应采用周转式活动房。现场围挡应最大限度地利用已有围墙,或采用装配式可重复使用围挡封闭。力争工地临时房、临时围挡材料的可重复使用率达到70%。

节水与水资源利用是装修装饰过程中需要重点注意的资源节约项目,节约措施有:①提高用水效率,装饰装修施工中制定切实可行的节水施工方案和技术措施,采用先进的节水施工工艺,加强施工用水管理。装饰装修施工现场和生活区用水应采用节水系统和节水器具型产品,安装计量装置,并采取有效措施减少管网和用水器具的漏损,制定有针对性的节水措施。施工现场加强节水控制,机具、设备、车辆冲洗用水必须设立循环用水装置,最大限度地节约水资源。装饰装修施工现场应建立雨水、中水或可再利用水的收集利用系统,使水资源得到梯级循环利用。并分别对生活用水与工程用水确定用水定额指标,采取分别计量管理,保证用水量均衡,避免浪费。②对于非传统水源利用的问题,可以在装饰装修施工时,为节约成本,可优先采用中水搅拌、中水养护,现场机具、设备、车辆冲洗、喷洒路面、绿化浇灌等用水,优先采用非传统水源,尽量不使用市政自来水。有条件的地区和工程应收集大量雨水并用于施工生产和生活环节,这样就能大大节约水资源及用水成本。研究开发水循环利用系统,力争施工中非传统水源和循环水的再利用量大于30％。

3.减少装修垃圾

装修垃圾目前一般纳入"居民住宅装饰装修废弃物管理"体系之中，将包括居民住宅装饰装修、修缮产生的渣土、木料木屑、废塑料、石膏板、玻璃、金属以及其他混合废弃物。对于装修垃圾应采用"谁产生、谁承担处置责任"的原则，要求装修废弃物需要像生活垃圾般"实行袋装收集、定点投放、集中清运的作业模式"。

在装修过程中应关注装修垃圾的减量化，通过简约设计和节约管理，实现装修材料的物尽其用，减少废料和垃圾的产生，同时考虑废弃物的综合利用。

而要实现减少装修垃圾，可以考虑并设计如下减量化措施：①控制住宅装修频率。在我国，虽然有关部门对装修的质量以及装修对建筑物的影响方面有严格的规定，但是对是否允许装修及装修的频率、程度等并无要求。相比之下，如新加坡规定政府出售的公共住宅，室内装修规定在领到钥匙之日起3个月内完成，此后3年内不准再进行第二次装修。同时规定住户装修须向建屋发展局申请装修许可证，由领有建屋发展局施工执照的承包商承包。装修户与承包商一起前往物业管理单位办理装修手续，并且缴纳一笔建筑材料搬运费和废物清理费。在北欧，对购买的公寓进行修缮前也应向有关部门报告，对产生的垃圾管理更为严格。这些制度在客观上限制了装修频率，因而减少垃圾的产生量。②推进商品房装修的一次到位。商品房装修一次到位对减少装修垃圾的产量、集中收运和处理装修垃圾都有极大的好处。住户零星装修，垃圾不仅分散、难以收运，而且不能实施处理和回收的规模化操作。如果居住者对原装修风格不满意，尽量在建筑软装方面用心设计，在考虑自身的满意度、舒适度的同时，兼顾社会责任，为社会节省物资，减轻垃圾处理负担。

(二)低耗节能化

1.节能技术和产品

节能产品有助于降低建筑内能源消耗，从而有效实现低碳减排。住建部为了加强民用建筑节能管理，提高能源利用效率，改善室内热环境质量。《民用建筑节能管理规定》鼓励发展下列建筑节能技术和产品：①新型节能墙体和屋面的保温、隔热技术与材料；②节能门窗的保温隔热和密闭技术；③集中供热和热、电、冷联产联供技术；④供热采暖系统温度调控和分户热量计量技术与装置；⑤太阳能、地热等可再生能源应用技术及设备；⑥建筑照明节能技术与产品；⑦空调制冷节能技术与产品。

2.节能施工

装修装饰工程中的施工过程也需要节能管理，节能施工的主要措施有：

(1)在装修施工前制定合理的施工能耗指标，优化施工能源利用方案，提高能源利用率。优先使用国家、行业推荐的节能、高效、环保的施工设备和机具，优先选用国家、行业推荐的保温性好、隔热性强、低有害物质挥发的有绿色标志的装饰装修材料。装饰装修施工现场应做好用电控制措施，分别设定生产、生活、办公和施工设备的用电控制指标，定期进行计量、核算、对比分析，并有预防与纠正措施，随时对用电损耗情况进行检查修正，最大限度地节省生活、施工用电。根据当地气候和自然资源条件，充分利用太阳能、地热等可再生能源。

(2)在机械设备与机具使用方面，应建立施工机械设备管理制度，严格控制机械耗能，施工现场开展用电、用油计量，及时做好机械维修保养工作，使机械设备随时保持低耗、高效的状态。选择施工机械时，可选用节电型机械设备，如逆变式电焊机和能耗低、效率高的手持电动工具等，以利节电。机械设备宜使用节能型油料添加剂，在可能的情况下，考虑回收利用，节约油量。合理安排施工工序，提高各种机械的使用率和满载率，降低各种设备的单位耗能。而对于生产、生活及办公临时设施，应合理利用场地自然条件，根据场地合理规划生产、生活及办公临时设施，使其获得良好的日照、通风和采光，节约电能及热能。临时设施宜采用节能材料，尽量减少能源消耗。制定严格的用电设备使用制度，合理配置采暖、空调、风扇数量，实行分段分时使用和采用定时控制器控制，尽量节约用电。

(3)施工用电及照明制定施工临时用电节约制度，用电线路设计合理、优化布置,使用节能电线和节能灯具,如声控、光控等节能照明灯具。临时用电设备宜采用自动控制装置。最大限度地节约用电成本,节约电源。照明设计以满足最低照度为原则,照度不应超过最低照度的20%。

第三节　低碳建筑与智慧建筑

一、低碳建筑与智慧建筑的互动发展

(一)智慧建筑的内涵

智慧建筑是以建筑为基础平台,利用数据采集及控制系统以及系统集成技术控制优化各种机电设备运行,利用计算机及网络技术搭建信息交互平台,实现建筑系统的高度智慧化,能够使得各个子系统集中联动控制,实现办公及信息自动化,集结构、系统、服务、管理于一体并使其实现相互之间的最优化组合,为建筑的整体监控,合理分配资源等提供了便捷条件,为人们提供一个安全、高效、舒适、便利的建筑环境。

信息产业的发展是智慧建筑产业发展的原动力,计算机技术奠定了智慧建筑的基础。随着智慧建筑的观念逐渐发展,便利、安心、安全的生活出现在我们随手可得的居住空间之间,正因为如此,必须加强倡导智能建筑的系统整合理念,才能促进未来建筑物的发展得以提供健全完善的智慧化发展环境,进而达成生活智慧化、防灾安防智慧化、设备与环境管理合理化、信息通信网络化与兼具人性化管理的目标,智慧化的技术与概念不仅提高了建筑物的附加价值,增加消费者的购买意愿,也使得各产业对智慧建筑产业的开发更加深入,有设备自动化系统、监控门禁系统、智能建材、节能系统,影音娱乐、健康护理等服务型的运行模式也竞相加入智能化建筑行列之中。

(二)智慧建筑和低碳建筑融合发展

1.价值理念的一致性

低碳建筑的目标是,通过低碳建筑技术的应用,有效地保护整个自然生态环境系统的完整性及生物多样性;保护自然资源,积极利用可再生资源,使人类的发展保持在地球的承载力之内;积极预防和控制环境破坏和污染,治理和恢复已遭破坏和污染的环境。智慧建筑的目标则是,通过智能化技术的运用为人们提供现实的物质工具,一方面要创造有益于人类健康的工作环境,另一方面提高建筑物的可居住性、安全性和实用性。

低碳建筑理念在于,在建筑材料与设备制造、施工建造和建筑物使用的整个生命周期内,减少化石能源的使用,降低二氧化碳排放量,加大新能源和可再生能源的利用,注重节约能源和循环使用各种建筑材料,减少建筑施工过程中的生态破坏和环境污染,实现节约资源、减少废物、降低消耗、提高效率、增加效益。而智慧建筑的理念则在于,通过智能系统,如智能化管理和决策,智能化技术手段,打造低碳建筑,并促进低碳城市的发展。与传统建筑相比,低碳建筑和智慧建筑的理念更具有前瞻性和预见性,比较符合当前经济发展的需要,两者最根本的目的都在于优化人类的生存环境与生存目标。因此,低碳建筑和智慧建筑具有一致的价值理念,两者的融合已成为建筑行业未来发展的必然方向。

2.科技手段的共通性

从根本上说,智慧建筑就是信息时代的建筑,其目的是最好地利用有效信息,提高建筑性能、增加建筑价值。它与低碳建筑是紧密结合的,低碳建筑设计理念是节约能源,建筑物内的空调、供热、照明等系统的管理与控制是通过智能系统来实现的,低碳建筑要兼顾智能。在低碳建筑的建设中,我们可以做到保护环境减少污染,节约资源和能源,最大限度地利用自然光,采用节能的建筑围护结构以及采暖和空调设备,设置自然通风的风冷系统,安装智能照明系统,创造一个健康安全、适用和经济的活动空间,从产业链到生态链创造一个天人合一的环境,与周边环境融合、和谐一致,动静互补,做到保护自然生态环境。

低碳建筑的专业领域甚广,从规划、设计、施工到管理,从市政、园林、物业到经济,从建工建材、化工到轻工、从建筑、结构、机电到给排水,都与低碳建筑休戚相关。这是一个庞大的系统工程,既要全民动员为其添砖加瓦,反过来,她又造福于全球民众。我们可以清楚地看到越来越多的建筑供应商和使用者正日益关注和挖掘智慧建筑的优点,服务于低碳建筑。

随着对基于网络通信协议的新型开放标准的广泛应用,现在的定位是对智能建筑使用和建造的全球快速推广。通过建设智慧建筑,可以监控整个建筑物的健康状态,从而形成低功耗、低排放、低污染、高效率、良性循环的现代化建筑,极大地降低能耗,也同时给业主和物业公司带来更多的便利和实惠。

3.发展路径的一体性

低碳建筑主要包括建筑材料节能、新能源节能和建筑智能化节能,建筑智能化节能则包括机电设备节能改造和优化运行、能源监测以及建筑设备监控系统等。建筑材料节能、新能源节能和建筑智能化节能不是彼此孤立的3个方面,而是一个有机联系与互动的系统。建筑智能化节能是实现建筑材料节能、新能源节能的智能手段,而建筑材料节能与新能源节能也是实现建筑智能化节能的物质载体。

建筑智能化有利于控制建筑自身的运营成本。低碳建筑要求建筑在满足建筑功能的同时,最大限度地节能、节地、节水、节材与保护环境。处理不当时这几者会存在彼此矛盾的现象,如为片面要求小区景观而过多地用水,为达到节能的单项指标而过多地消耗材料,这些都是不符合低碳建筑理念的;而降低建筑的功能要求、降低适用性,虽然消耗资源少,也不是低碳建筑所提倡的,节能、节地、节水、节材、保护环境及建筑功能之间的矛盾,必须放在建筑全生命周期内统筹考虑与正确处理。而智能化技术的运用可以减少建筑自身的运营开销,所以建筑智能化是发展低碳建筑的必然要求。通过信息技术、智能技术和低碳建筑的新技术、新产品、新材料与新工艺的应用,低碳建筑最终实现经济效益、社会效益和环境效益的统一。因此,低碳建筑必须植入智能化基因,低碳建筑是一个系统工程,在设计、运行、管理、维护过程中综合考虑因素特别多,从设计开始一直到施工运转,都与智能化密切相关,如果不能科学维护,那么低碳建筑反倒可能消耗能量。"节能减排"与"低碳建筑"已成为现代建筑设计和建造的目标,也是建筑智能化发展的主要动力。大量的新增建筑也将为建筑电气、楼宇自动化及智能化的家居控制系统和产品带来巨大的市场。建筑智能化提高客户工作效率,提升建筑适用性,降低使用成本,减少了能源消耗,已经成为发展趋势。将节能环保的技术、理念与建筑融为一体,再加上自动化控制的智能基因,这样的建筑就有了一个更加响亮的名字——低碳智慧建筑。

(三)实现低碳建筑与智慧建筑互动发展的核心技术

1.智能建筑集成技术

智能化集成系统(IIS)将各种不同的建筑智能化系统,通过统一的信息平台实现集成,以形成具有信息汇集、资源共享及优化管理等综合功能的系统。

当前智能化建筑直接利用的技术是建筑技术、计算机技术、网络体系技术、自动化技术。智能建筑是高技术的结晶,建筑物的各种自动化控制系统不断地更新,而在这些新的控制管理系统中,则依据建筑物内的设施用途而建置了不同的应用系统,如能源管理系统、空调与门禁的管控系统、公共设施管理系统以及各种警报通讯的传递等,也正因为各种应用控制系统的不同,在设备资源及各子系统的信息传递方面无法综合应用与相互沟通的情形时有发生,而要想避免此种情形的发生,就需要通过系统整合技术,才能达到建筑物内的信息共享与综合应用的目标。

智能建筑利用计算机技术、网络通信技术及自动控制技术,经过系统综合开发,将楼宇设备自动化系统(BAS)、通信自动化系统(CAS)、办公自动化系统(OAS)与建筑和结构有机地集成为一体,为人们提供了一个理想的安全、舒适、节能、高效的工作和生活空间。一个成功的智能建筑应该是合理运用系统集成技术,将建筑中分离的各子系统的设备、功能、信息通过计算机网络集成为一个相互关联的协同工作的系统,实现信息、资源、任务的重组和共享,为人们提供一个安全、高效、便利的工作和生活环境。系统集成程度决定了智能建筑的智能化程度。目前,我国虽有很多建筑号称"智能"建筑,但真正意义上的智能建筑却很少。绝大部分智能建筑工程不是将各子系统进行简单的堆砌,就是在技术条件及其他条件未成熟的情况下一味追求系统的集成程度,从而带来巨大的资金投入和系统的不可靠性,甚至使系统难以全面开通运行。由此可见,建筑的智能化是建立在系统集成基础之上的。国内外在智能楼宇系统集成技术实现方面主要有两种模式：基于 BA 系统的楼宇管理系统（Building Management System,BMS）模式和基于 Intemet/Intranet 的智能楼宇管理系统（Intelligent Building Management System,IBMS）模式。

2.智能建筑控制技术

智慧建筑,包括通过建筑自动化系统实现建筑物或建筑群内设备与建筑环境的全面监控与管理,并通过优化设备运行与管理以降低运营费用。这样看来,建筑控制相当于智慧建筑的 CPU——是提高建筑智慧水平的关键所在。随着智能控制技术整体水平的不断提高,有效地推动了智能建筑的发展。智能建筑作为智能控制技术和现代化建筑技术相结合而成的产物,不但有效提高了建筑行业的管理水平和工作效率,也大大满足了人们对生活质量的要求。人们生活水平的提高是促进智能建筑的建设和发展的重要因素。

低碳智能建筑的控制技术是以计算机和计算机网络、自动控制、通信技术为基础的,是一种高水平实现自动化的综合技术,包括能源管理和测量、节能优化（SSTO）控制和峰值需求限制（PDL）。建筑的自动控制技术中的一个关键部分就是运用现代计算机技术对整个建筑系统进行监管与控制,如建筑中的照明系统、空调系统、消防系统、设备系统以及保安系统等,这一自动控制的实现对现场的分布式自动控制技术以及信息集成技术提出了很高的要求。如今的现场设备已经不再是由单一的传感器和控制器组成,能够实现自主性控制、对数据进行管理,还具有一定的通信功能,由此可见,现代化的现场设备俨然发展成了一个完善的智能自主体。

低碳建筑的智能控制技术,有区域热电冷三联供系统等的智能控制;有利用峰谷电价差的冰蓄冷系统的控制;采用最优控制技术,充分利用自然能量来采光、通风,进行照明控制与室内通风空调控制,实现低能耗建筑;有可以随环境温度、湿度、照度而自动调节的智能呼吸墙;有应用变频调速装置对所有泵类设备的最佳能量控制;有自动收集雨水、处理污废水,提供循环使用的水处理设备控制系统。这些最优控制、智能控制等策略正在低碳建筑中得到广泛的应用。

3.低碳能源技术

低碳能源技术又可分为低碳节能技术和低碳能源开发与利用技术。

对于建筑空间,通过低碳节能技术的运用,从而从设计角度和改造过程中进行相应的应用,达到环保、宜居的目的。建筑的空间部分,包括中庭、通廊、地下空间等,这些都是可以进行低碳节能技术应用的建筑空间,并且导入建筑的设计、建造和改造过程中来。低碳节能技术包括对外墙部分、门窗部分、遮阳效果、屋面以及过渡空间的设计和改造。另外,对于建筑热电冷联供技术、输配系统节能技术、空调冷热源节能技术和溶液除湿新风系统技术等为主要内容的,是建筑能源设备系统的低碳节能技术。在建筑环境的控制系统中进行低碳节能技术的应用和改造过程中,一般还包括了自然通风、自然采光、低碳照明和空调末端节能等主要技术类别和层次。

低碳能源开发与利用技术则包括太阳能光伏发电技术、风力发电技术和地源热泵技术等。太阳能光伏发电系统是利用太阳电池半导体材料的光伏效应,将太阳光辐射能直接转换为电能的一种新型发电系统。风力发电就是利用风力带动风车叶片旋转,再通过增速机将旋转的速度提升,把风的动能转变成机械能,再把机械能转化为电力动能,来促使发电机发电。地源热泵是一种利用地下浅层地热资源(也称地能,包括地下水、土壤或地表水等),既可供热又可制冷的高效节能空调系统。通常地源热泵消耗 1kW 的能量,用户可以得到 5kW 以上的热量或 4 kW 以上的冷量,所以我们将其称为节能型空调系统。地源热泵可利用的低位热源水有地下水、海水、城市污水、洗浴废热水、江河湖水等。

4. 低碳机房技术

低碳机房应该包括节能和环境友好两个方面。降低能源消耗,减少有害建筑装修材料的使用,采用防辐射、静音设备,降低运行维护人员的健康威胁等都是低碳机房建设的必要措施。但一般情况下提到低碳机房建设,都会突出强调节能。这是因为机房是建筑电力消耗的大户,机房内的配电和 UPS 设备、大量的服务器、存储等,以及为达到标准机房温度所配备的大功率空调,电力消耗量非常大。低碳机房指机房各系统均遵循最大能源节约及最低环境影响的设计原则,同时采用先进的技术与策略。例如,针对机房制冷排热和 IT 设备选型部署,采取了多种低碳节能措施和手段。在降低机房制冷能耗方面,采用精确送风的封闭热通道技术将机房内冷、热气流分离,使热空气不在机房停留。同时,在空调外机加装雾化喷淋技术来降低空调能源消耗。在服务器选型及部署上,采用高性能、低功耗的服务器并运用虚拟化和云计算技术打造了一个低碳节能的数据中心机房。

二、大数据时代的低碳智慧建筑

(一)现代信息技术与低碳智慧建筑

1.现代信息技术的概念与内涵

现代信息技术是借助以微电子学为基础的计算机技术和电信技术的结合而形成的手段,对声音的、图像的、文字的、数字的和各种传感信号的信息进行获取、加工、处理、储存、传播和使用的能动技术。它的核心是信息学。现代信息技术包括 ERP、GPS、RFID 等,可以从 ERP 知识与应用、GPS 知识与应用、EDI 知识与应用中了解和学习。现代信息技术是一个内容十分广泛的技术群,它包括微电子技术、光电子技术、通信技术、网络技术、感测技术、控制技术、显示技术等。

从技术的角度看,相对传统建筑,低碳智慧建筑主要是广泛采用"3C"高新技术,即现代计算机技术、现代通信技术和现代控制技术。由于现代控制技术是以计算机技术、信息传感技术和人工智能技术为基础的,现代通信技术也是基于计算机技术发展起来的,所以"3C"技术的核心是信息技术。现代信息技术,具有对空调、给排水、变配电、照明及其他建筑设施等纳入监控的机电设备使用及管理等运行信息,予以采集、接收、交换、传输、存储、检索和显示等综合处理的通信功能,确保建筑设备用能信息通信网的互联及信息畅通。

低碳智能建筑是人类建筑的现在进行时与将来时,它已成为世界技术创新和经济发展的新增长点。网络技术、通信技术等现代信息技术的飞速发展,必将推动未来智能建筑朝着集约化、系统化、标准化的方向发展。利用现代信息技术,建造绿色、环保、节能的智能建筑是未来建筑业发展的主流方向。

2.现代信息技术在低碳智慧建筑中的应用

(1)信息通信技术

信息通信技术在建筑中主要的使用功能包括为互联网络的接入提供端口、在使用过程中逐渐与移动通信系统实现交互式结合、可以同时进行远程的多方电视会议,并可以实现远程的医疗与教学等。在智能建筑中,信息通信技术的出现,实现了将通信的终端直接连接到办公室和家庭中的目的,并且已经得到了广泛的应用。办公自动化的技术应用主要包括多媒体电子邮件、远程会议电视、无线遥控等,办公自动化在一定程度上说就是为建筑的各项电气设备提供信息和网络化的服务,促使其可以保障整个建筑的高效快捷的商业活动。现阶段,通过 E-mail 智能传真等方式可以发送多种形式的信息,包括声音信息、图像信息、音视频信息、格式化文本等,实现远程控制,节约了很多管理方面的成本支出。

(2)互联网技术

智能建筑中互联网技术的应用范围非常广泛,并取得了很好的实际效果。利用互联网技术可以对系统实行远程的监控和操作,还可以对数据库的信息进行实时监控、查看相关的访问记录,以便及时发现问题并采取有效的解决措施。互联网技术的使用在一定程度上可以逐渐提高智能建筑中人们合理利用资源与能源的意识。互联网技术在实际的使用过程中如果使用的是开放式的网络传输协议,就可以极大地提高控制系统的各项功能,而系统之间的数据交换的能力也会越来越强。

(3)无线局域网技术

无线局域网络技术的使用给智能建筑的网络化提供了更大的空间,并打破了传统的有线局域网的布线限制,降低了工程的消耗程度。传统的网络使用需要在建筑中预留一定的线路,在布线的过程中还容易造成线路的损坏等,无形中增加了网络使用的成本。移动通信技术和卫星通信技术不断发展,这给无线局域网的产生奠定了良好的基础。此项技术的主要应用特点是将微波、激光、红外线作为网络传输的媒介,提高了线缆端接的可靠程度。一台计算机可以在特定的网络使用范围之内任意更换地理位置,为用户的使用提供了便利的条件。在智能建筑中,很多领域都实现了无线局域网的连接,可以随时随地实现信号的传输、交互接入服务等功能,为人们的生活与生产提供便捷化和高效化的服务,满足了人们的各种需求。

(二)物联网技术与低碳智慧建筑

1.物联网的内涵与特征

(1)物联网的概念

物联网顾名思义就是"物物相连的互联网"。物联网指将所有物品通过信息传感设备与 Internet 连接起来,形成智能化识别并可管理的网络。随后,国际电信联盟(ITU)对物联网的含义进行了扩展,指出信息与通信技术应用所要达到的目标已经从任何时间、地点连接到人,发展到连接任何物品的阶段,而万物的连接就构成了物联网。物联网是通信网和互联网的拓展应用和网络延伸,它利用感知技术和智能装置对物理世界进行感知识别,通过网络传输互联,进行计算和处理,实现人与物、物与物的信息交互和无缝连接,达到对物理世界实时控制、精确管理和科学决策的目的。

(2)物联网的网络架构与关键技术

物联网具有三层网络架构,即感知层、网络层和应用层。感知层主要实现对物理世界进行智能感知与识别、信息采集处理和自动控制,进而通过通信模块将物理实体通过网络层连接到应用层。网络层主要实现信息的传递、路由和控制,包括核心网、接入网和延伸网,网络层可依托于公众电信网和互联网! 也可依托于行业专用通信网络。应用层包括各种物联网应用和应用基础设施及中间件。应用基础设施及中间件为物联网应用提供基本的信息处理、计算等通用处理的基础服务设施及资源调用接口,以此为基础开发在众多领域的各种物联网应用。物联网所涵盖的关键技术也非常多,简单划分为感知层技术、网络层关键技术和应用层技术,涉及感知、控制物联网、控制计算机、微电子、网络通信、微机电系统、软件、嵌入式软件、嵌入式系统等诸多技术领域。

(3)物联网的基本特征

物联网具有以下特征:①物联网充分利用多种感知技术,集成了多类型传感器,如温度传感器、光照度传感器等,这些传感器周期性地采集各种信息和数据,并不断更新,具有一定的实时性。②物联网以互联网,技术为基础,其核心依然是互联网技术,它利用有线网络和无线网络实现与互联网的融合,将各种信息准确无误地进行传递。物联网系统中传感器采集的信息数量庞大,构成了海量数据,在对其进行传输时,为了确保传输的及时性和可靠性,必须能够适应各种协议和异构网络。③物联网具有智能处理功能,不仅是简单地将各种传感器进行连接,还可以对接入网的"物"进行智能控制。它利用各种技术(数据融合、模式识别、神经网络、云计算等)对获取的信息和数据进行智能处理,应用广泛。可从传感器获取的海量数据中分析、处理出有意义的信息,进而适应用户的多种需求,发现其新的应用模式和领域等。

(4)物联网的基本应用

物联网的提出体现了大融合理念,突破了将物理基础设施和信息基础设施分开的传统思维,具有很大的战略意义。当前,物联网的应用涉及各行各业,如工控、智能医院、城市交通、环境管理与治理、智能建筑等,并取得了一定的成就,积累了不少的成功经验,其行业特性在不同领域得到了充分的体现。从通信的角度,现有通信主要是人与人的通信。而物联网涉及的通信对象更多的是"物",仅仅就目前涉及的物联网行业应用而言,就至少有交通、教育、医疗、物流、能源、环保、安全等。涉及的个人电子设备,至少可能有电子书阅读器、音乐播放器、DVD播放器、游戏机、数码相机、家用电器等。如果这些所谓的"物"都纳入智能物联网通信应用范畴,其潜在可能涉及的通信连接数可达数百亿个,为通信领域的扩展提供了巨大的想象空间。物联网与低碳智慧建筑的结合,从根本上来讲,既是低碳智慧建筑中各种信息的整合,也是建筑智能化系统向上集成到物联网的应用平台,从而形成一个"系统的系统",为政府部门、企业单位以及用户等提供相关服务。

2. 低碳智慧建筑与物联网结合的应用需求

(1)建筑智能化系统集成

早期低碳智慧建筑系统中,大多数子系统独立运行,后期或有进一步做系统集成,但是由于已有的一些子系统接口非标准,造成系统集成困难,或者还需上新的系统。以往智能建筑系统集成也存在定制集成,但通用性差,需求和实施效果脱节,存在智能化系统运行可靠性和可维护性不佳等问题。应用物联网技术,不仅可以将底层的"物"直接接入系统,而且将智能建筑子系统接入系统,搭建数字化管理门户,实时监测各类建筑设备的运行状态,提供物联网系统集成服务,最终实现子系统信息融合,便于管理。

(2)能耗监测与能源管理

目前全球面临能源与环境危机,而建筑能耗占社会总能耗的比例却逐年上升,已经与交通耗能、工业耗能并列,成为我国三大"耗能大户"之一。目前节约能源已成为我国的国策,建筑节能是节能的重点,能耗监测与统计分析是重要内容,节能降耗统计监测是各级政府对国家机关办公建筑和大型公共建筑的强制要求。应用物联网技术,可以实现对建筑供热(水)、供暖、水、电、气等用量的分类、分项计量,为建筑物业主提供能耗数据;进一步,通过对建筑中的各类能耗监测、累计、分析可以为政府相关部门、园区管理方或城市管理方提供对能耗的监测和管理。例如,物联网技术在建筑楼宇中的节能应用,解决了空调远端节能控制的问题。通过安装智能温控设备,实现了远端监测办公室内的温度情况,并根据设定值自动调节空调温度。例如,人出去了不在办公室,空调和电灯可自动调节关闭;后台监控软件提供了可视化界面,便于管理人员集中控制管理。

(3)设备管理

建筑中机电设备种类繁多,如供配电设备、暖通空调设备、给排水设备、电梯、停车场设备、智能化系统设备等,设备采购时均签有售后服务,但设备故障不能及时反映至设备厂商,有些厂商本可远程解决的问题但因现场状况不明,还要维修人员往返,耗费人力财力,耽误时间,影响设备使用,给用户造成不便。而建筑设备监控或管理系统的一个重要功能就是设备运行状态监视、自动检测、显示各种设备的运行参数及变化趋势或数据,累计运行时间,提示并记录保养次数和时间等。应用物联网技术,通过建筑设备远程监控和故障诊断,可以为建筑物业主和设备供应商上传设备运行状态、运行记录等设备资料,或通过监视设备现场的摄像机上传现场视频信号,为建筑物业主和设备厂商提供设备运行状况监视和查询。例如,通过物联网技术,可以构建建筑用电设备物联网系统数据库,实现了对传感器采集的环境数据(包括温度、湿度、二氧化碳浓度、光照度等)、人员和设备运行状态及参数等信息的存储和管理。提取数据库中的各种信息,如环境温度、湿度等数据,人员信息、设备状态和参数等,综合这些信息进行数据处理、比较和分析,进行设备故障诊断和节能控制。

(4)安全管理

低碳智慧建筑公共安全系统,既包括以防盗、防劫破坏、防入侵为主要内容的狭义"安全防范",也包括通信安全、防火安全、信息安全、医疗救助、人体防护、防煤气泄漏等诸多内容的广义"安全防范"。智能建筑公共安全系统是社会综合防控。智能建筑公共安全系统是社会综合防控技术系统的有机组成部分,需要得到社会公共安全信息资源的大力支持。应用物联网技术,可以使建筑物公共安全报警信息(报警地点、报警类型、现场音视频信号、监听监视信息)及时上传至城市公共安全部门,根据警情启动社会公共安全保障的各种预案,为建筑内各种警情的控制与处理提供支持。

(5)环境质量监测

环境质量监测主要监测环境中污染物的浓度和分布情况,以确定环境质量状况。定点、定时的环境质量监测历史数据可以为环境影响评价和环境质量评价提供必要的依据;也可为污染物迁移转化规律的研究提供基础数据。环境质量监测主要包括水、气、声的质量监测,而智能建筑中设备控系统不仅有对水、气、声环境的监测,还有对热、湿、光环境的监测,不仅可以监测室内也可以监测室外,故而可提供环境质量监测所需的各类数据,为改善支持。应用物联网技术,可以实现建筑物内外或建筑园区环境质量监测(包括水环境、声环境、气环境等),为建筑物业主上传环境监测数据,并为环境保护部门提供监视、查询环境监测信息。

(6)智能化系统管理与维护

建筑智能化系统运行管理的目的是为保证智能化系统的正常运行,

智能化系统只有在正常运行中才能发挥其功能作用,实现智能化的真正内涵。目前智能化系统的管理模式主要有两种:一是建筑智能化系统承建方(智能化系统集成公司)对建筑智能化系统使用方(建设单位)进行培训,由使用方自己管理,这种方式要求使用方管理人员具有一定的文化基础和技术水平;二是由承建方代管的管理方式,这种方式在专业技术上具有优势,但因为目前服务尚未专业化,因而在实施中缺乏时间和服务的保障。应用物联网技术,可以实现建筑智能化子系统或集成运行状态的远程监视和故障诊断,为建筑使用者或拥有上传智能化系统运行状态、记录监控权利的一方提供建筑运行的监视、查询维护和管理。

(三)云计算与低碳智慧建筑

1.云计算的内涵与特征

(1)云计算的基本概念

云计算是一种 IT 资源的交付和使用模式,指通过网络(包括互联网 Internet 和企业内部网 Intranet)以按需、易扩展的方式获得所需的软件、应用平台及基础设施等资源。云计算从服务模式上来讲主要包括基础设施即服务(LaaS)、平台即服务(PaaS)、软件即服务(SaaS)等内容,是互联网上相关服务的增加,它在使用和交付上面,一般会涉及互联网提供的一些动态扩展,并且是经常用到的虚拟化资源。其实它是一种比喻的说法。狭义是指通过网络付费获取资源。广义是指服务的缴费和使用模式,通常是指网络以按需和易扩展的方式来获取所需求的资源。它意味着计算能力也可以作为商品,通过网络的平台进行流通。

云计算的基础架构技术帮助系统管理提高运行的速度和灵活性,实现快速交付最新产品与服务。其中,平台即服务(PaaS)是一套"云"交付服务,为"云"应用开发、部署、管理及整合创造环境。PaaS借助"云"工具和服务,并将应用生命周期中的关键应用开发任务标准化,从而降低成本和复杂性,并加速创造价值。软件即服务(SaaS)是一种软件交付模式,集中托管于云计算环境中,用户通过互联网访问。很多应用利用其作为公共交付模式,以减少成本,并简化部署。

（2）云计算的基本特征

云计算技术具有资源池化、弹性扩展、自助服务、按需提供、宽带接入等关键特征。将云计算技术应用于低碳智慧建筑系统，具有以下技术特点：

①服务虚拟化。使客户在云计算平台上运行各子系统时与传统单独的服务器完全相同。

②资源弹性伸缩。可实时自动根据各子系统的运行及存贮能力的需求进行资源的灵活配置，使系统的应用负荷率较高。

③集成便利。在云计算平台下，采用相关的集成技术对各子系统进行集成，有更好的数据共享及联动处理的能力，便于各子系统之间的数据共享和集成。

④快速部署。借助于云管理平台，可以构建易于管理、动态高效、灵活扩展、稳定可靠、按需使用的新一代建筑智能节能管理中心。中心可根据各子系统的扩展或调整要求进行快速的调整，增加或减少子系统，较适合应用于要求系统可扩展性强、功能需求可能发生变化的大厦中。

⑤桌面虚拟化。通过云计算系统的中瘦客户端，授权进行各管理人员的定制桌面，可方便在任何地方登录时都进入自己的桌面，对系统进行管理。

⑥管理业务统一部署。可以将已有的应用系统统一部署在云平台中，系统的升级调整均可统一进行，提高系统的可靠性。

2.云计算实现低碳智慧建筑服务和资源的共享

（1）云计算可整合低碳智慧建筑系统资源

低碳智慧建筑系统因子系统多、IT设备多，所带来的电源供应、空调消耗都较大，采用云计算技术对传统建筑的系统进行改造，对系统服务器进行弹性部署，能够提高1T设备的负载率，减少服务器的空置率，提高了系统资源利用率，并通过镜像等技术提高系统的可靠性，其可行性和效果均较理想，是一种较有意义的探索。经过在某建筑中进行试验性的应用，其服务器硬件的数量减少在20％～40％，建筑管理机房的能耗降低约 20％,是一种较好地降低能耗的有效途径。通过这些技术手段,可使建筑运行效率更高,达到低碳智慧建筑中所要求的相关节能指标和智能化要求。未来,随着云计算技术的发展和在建筑中运用的不断成熟,其造价也会不断降低,相信这项技术会在行业中有广阔的应用前景。

现代低碳智慧建筑系统的部署,一般围绕着楼宇自动化系统(包括安防、消防系统)(BAS)、办公自动化系统(OAS)、通信自动化系统(CAS)进行,通过这些智能化系统,达到安全、舒适、便捷、节能、环保等方面的目的。以高星级的酒店为例,一个较完整的低碳智慧高星级酒店,主要应包括以下子系统:建筑集成管理系统、建筑设备自动化系统、建筑能耗计量分析系统、智能照明系统、安防视频监控与防盗报警系统、电子巡更系统、酒店管理信息化系统、办公自动化系统、客房智能控制及紧急求助系统、酒店一卡通(门禁、速通门、电梯控制、访客管理、停车场管理、消费系统等)系统、酒店高清互动电视信息系统、计算机网络系统、程控电话网络系统、远程数字多媒体会议系统、综合布线系统、数字紧急广播系统及背景音乐系统、酒店数字音视频系统、信息发布显示系统、无线对讲系统、机房工程。以上系统除部分的无源系统(如综合布线系统)或非信息化的电子系统(如无线对讲、机房工程等)之外,绝大部分都是由计算机系统进行管理的,每个系统均需配备至少一台系统的服务器,对一个约 10 万 m^2 的酒店项目而言,服务器数量约有 30 台。而且,每个系统的服务器运行及负载情况是根据系统的运行情况而不断变化的,如监控系统,在发生报警时立即进行联动高分辨率录像,此时,存储服务器的负载率急剧上升,当报警处理完成以后,其负载率又马上回到较低状态。其他如建筑集成管理、建筑设备自动化、建筑能耗的计量分析、远程数字多媒体会议等系统的情况均是如此,根据系统的这种特点,采用云计算技术对系统服务器进行弹性部署,对负载进行均衡,减少服务器的空置率,提高系统资源利用率,是一个有效的解决方案。

(2)能源管理是云计算在建筑中的重要应用领域

云计算在智能建筑里面用得比较多的是建筑群能耗计量与节能管理

系统,没必要每个楼里面都设置建筑群能耗计量与节能管理系统,只要用一个云计算平台,把这些统一起来,形成一个总的能耗计量与节能管理系统。低碳智慧建筑的目标是"四节一环保"——节能、节水、节地、节材及环境保护。有效的能源管理是非常重要的,中国是耗能大国,必须有能源管理,通过虚拟化技术解决高可靠性、高附加性、远程的能源管理系统,采取云计算架构来进行远程的能源管理,可以解决海量存储及数据中心能源消耗的问题;因为云计算实际上是互联网上的一种公共服务,它是针对互联网架构,也针对物联网架构。智能建筑综合是集成、维护、管理系统。如果建筑维护管理都走物联网道路的话,建筑用不到每个楼里面都设置一套低碳智慧建筑维护管理班子,用一个云架构就可以实现,统一管理,非常方便。

第二章　低碳建筑设计层面

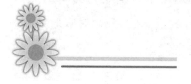

第一节　建筑绿化及自然通风

一、建筑绿化

(一)蒸发降温

通过水分蒸发潜热带走热量是室外环境降温的重要手段。对于绿地而言,被其吸收的太阳辐射主要分为蒸发潜热、光合作用和加热空气,其中光合作用所占比例较小,一般只考虑蒸发潜热与加热空气。

与透水砖不同,绿地(包括水体)的蒸发量普遍较大,同时受天气影响相对较小,不会因为持续晴天造成蒸发量大幅下降。同时,树林的树叶面积大约是树林种植面积的 75 倍、草地上的草叶面积的 25～35 倍,因此可以大量吸收太阳辐射热,起到降低空气温度的作用。

绿地对小区的降温增湿效果,依绿地面积大小、树形的高矮及树冠大小不同而异,其中最主要的是需要具有相当大面积的绿地。同时环境绿化中适当设置水池、喷泉,对降低环境的热辐射、调节空气的温/湿度、净化空气及冷却吹来的热风等都有很大的作用。例如,在空旷处气温34℃、相对湿度54％,通过绿化地带后气温可降低 1.0～1.5℃,湿度会增加 5％左右。所以在现代化的小区里,很有必要规划占一定面积、树木集中的公园和植物园。

在大城市人口高度集中的情况下,不得不建造中高层建筑。中高层建筑之间的距离显得十分重要,如果在冬至日居室有 2h 的日照时间,在此间距范围内栽种植物,有助于改善小范围的热环境。

水是气温稳定的首要因素。城市中的河流、水池、雨水、蒸汽、城市排水及土壤和植物中的水分都将影响城市的温、湿度。这是因为水的比热容大,升温不容易,降温也较困难。水冻结时放出热量,融化时吸收热量。尤其在蒸发情况下,将吸收大量的热。当城市的附近有大面积的湖泊和水库时,效果就更加明显。如芜湖市,位于长江东部,是拥有数十万人口的中等规模的工业城市。夏季高温酷热,日平均气温超过 35℃ 的天数达 35 天,而市中心的镜湖公园,虽然该湖的水面积仅约 25 万平方米,但是对城市气温却有较明显的影响。

水面对改善城市的温、湿度及形成局部的地方风都有明显的作用。据测试资料说明,在杭州西湖岸边、南京玄武湖岸边和上海黄浦江边的夏季气温比城市内陆区域都低 2~4℃。同时由于水陆的热效应不同,导致水陆地表面受热不均,引起局部热压差而形成白天向陆、夜间向江湖的日夜交替的水陆风。成片的绿树地带与附近的建筑地段之间,因两者升降温度速度不一,可出现差不多风速为 1m/s 的局地风,即林源风。

(二)遮阳降温

茂盛的树木能挡住 50%～90% 的太阳辐射热。草地上的草可以遮挡 80% 左右的太阳光线。据实地测定:正常生长的大叶榕、橡胶榕、白兰花、荔枝和白千层树下,在离地面 1.5 m 高处,透过的太阳辐射热只有 10% 左右;柳树、桂木、刺桐和杜果等树下,透过的太阳辐射热为 40%～50%。由于绿化的遮阴,可使建筑物和地面的表面温度降低很多,绿化了的地面辐射热为一般没有绿化地面的 1/15～1/4。从空气温度来看,无绿化街道达到 34℃,植两排行道树的为 32℃,相差 2℃ 左右,而花园林荫道只有 31℃,竟相差 3℃ 之多。从地表温度来看,无绿化街道达到 36.5℃,有两排行道树的街道为 31.5℃,而林荫道只有 30.5℃,相差 5～6℃。

炎热的夏天,当太阳直射在大地时,树木浓密的树冠可把太阳辐射的

20%～25%反射到天空中,把 35%吸收掉。同时树木的蒸腾作用还要吸收大量的热。每平方千米生长旺盛的森林,每天要向空中蒸腾 8t 水。同一时间,消耗热量 16.72 亿千焦。天气晴朗时,林菌下的气温明显比空旷地区低。

(三)绿化品种与规划

建筑绿化品种主要分为乔木、灌木和草地。灌木和草地主要是通过蒸发降温来改善室外热环境,而乔木还具备遮阳、降温的作用。因此,从改善热环境的作用而言:乔木＞灌木＞草地。

乔木的生长形态有伞形、广卵形、圆头形、锥形、散形等。有的树形可以由人工修剪加以控制,特别是散形的树木。

一般而言,南方地区适宜种植遮阳的树木,其树冠呈伞形或圆柱形,主要品种有凤凰树、大叶榕、细叶榕、石栗等。它们的特点是覆盖空间大,而且高耸,对风的阻挡作用小。此外,攀缘植物如紫藤、牵牛花、爆竹花、葡萄藤、爬山虎、珊瑚藤等能够成水平或垂直遮阳,对热环境改善也有一定作用。

分散型绿化可以起到使整个城市热岛效应强度减弱的效果;绿化带型绿化可起到将大城市所形成的巨大的热岛效应分割成小块的作用。

1.分散型绿化

绿化与提高人们的生活环境质量和增强城市景观,改善城市过密而产生的热环境是密不可分的。在绿化稀少、城市过密的环境中,增加绿地是最现实的措施。随着建筑物的高层化,绿化的空间不仅是在平面(地表面)上的绿化,而且也应该考虑在垂直方向(立体的空间)的绿化。

在地表面的绿化设计中,宜采用复合绿化,绿化布置采用乔木、灌木与草地相结合的方式,以提高空间利用效率,同时采用分散型绿化,并且探讨如何使分散型绿化成为连续型和网络型绿化。

由于城市高密度化和高层化发展,城市绿地越来越少,伴随着多层和高层住宅的大量涌现,现在实际中已经很难做到户户有庭院、家家设花园了。在这种情形下,为了尽量增加住宅区的绿化面积和满足城市居民对绿地的向往及对户外生活的渴望,建议在多层或高层住宅中利用阳台进行绿化,或者把阳台扩大组成小花园,同时主张发展屋顶花园。

屋顶花园在鳞次栉比的城市建筑中,可使高层居住和工作的人们能避免来自太阳和低层部分屋面反射的眩光和辐射热;屋顶绿化可使屋面隔热,减少雨水的渗透;能增加住宅区的绿化面积,加强自然景观,改善居民户外生活的环境,保护生态平衡。

2. 绿化带型绿化

城市热岛效应的强度(市区与郊外的温度差),一般来说城市的面积或人口规模越大其强度越大,建筑物密度越高其强度也越大。对连续而宽广的城市,应该用绿地适当地进行分隔或划分成区段,这样可以分割城市的热岛效应。对热岛效应的分割需要 150～200 m 宽度的绿化带。这些绿地在夏季可作为具有"凉爽之地"效果的娱乐场所,对维持城市的环境质量也是不可或缺的。

城市内的河流,由于气温低的海风可以沿着河流刮向市区的缘故,在夏季的白天起到了对城市热岛效应的分割作用。在日本许多沿海分布的城市里,在城市规划中就充分利用了这种效果。

二、供暖、通风与空调

(一)自然通风

自然通风可以满足房间内一定的舒适度。除保持室内空气的清洁度,降低能耗外,更有利于人的生理健康和心理健康。

自然通风通常意义上指通过有目的地开口,产生空气流动。这种流动直接受建筑外表面的压力分布和不同开口的影响。建筑表面的压力由风压和室内外温差引起的热压所组成,风压依赖于建筑的几何形状、建筑相对于风向的方位、风速及建筑周围的地形。

许多建筑以自然通风的三种基本方式为基础建立自然通风模式。一般可在单个建筑中采用两种或三种模式混合来满足不同的需要。另外还有一些建筑采用在使用的房间建立详细的进、出通风口和分布策略以及合理分布地板空气来对穿过建筑物的空气进行控制。自然通风和机械通风都可达到通风冷却的目的,但相关研究结果表明采用自然通风的办公楼和采用空调的办公楼相比,每年节省的冷却能量为 $14\sim41\ kW\cdot h/m^2$。

在室内温度及湿度均很高的情况下,良好的空气流动能加速热量的散逸和水蒸气的蒸发,从而达到降温的目的。自然通风是实现良好的空气流动的被动式策略。它是在自然风的基础上利用和加大风压,促进室内气流流动,从而将热空气排出建筑。自然通风主要可分为风压通风和热压通风。

风压通风指的是当自然风吹向建筑物正面时,因受到建筑物表面的遮挡而在迎风面上产生正压区,气流偏转后绕过建筑的各个侧面和屋面,在侧风面和背风面产生负压区。当建筑物的迎风面和背风面设有开口时,风就依靠正负压区的压差从开口流经室内并由压力高的一侧向压力低的一侧流动,从而在建筑内部实现空气流动。

由于自然风的不稳定性,或者由于周围高大建筑和植被的影响,许多情况下,建筑的周围不能形成足够的风压,这时就需要利用热压来实现自然通风。

热压作用下的自然通风原理:由于建筑物内外空气的气温差产生了空气密度的差别,于是形成压力差,驱使室内外的空气流动。室内温度高的空气因密度小而上升,并从建筑物上部风口排出,这时会在低密度空气原来的地方形成负压区,于是,室外温度比较低而密度大的新鲜空气从建筑物底部的开口被吸入,从而室内外的空气源源不断地进行流动。

(二)热压通风

"烟囱效应"即热空气上升,从建筑上部风口排出,室外新鲜的冷空气被吸入建筑底部。当建筑内温度分布均匀时,室内外空气温度差越大、进排风口高度差越大,则热压作用越强。由于室外风的不稳定性,并且通常存在周围高大建筑、植物等的遮挡影响,许多情况下在建筑周围形不成足够的较稳定的风压,设计者倾向于以热压作为基本动力来组织或设计自然通风。

(三)风压通风

人们常说的"穿堂风"就是利用建筑两侧的风压差产生穿过建筑内部的室内外空气交换。当风吹向建筑物正面时,因受到建筑物表面的阻挡而在迎风面上产生正压区。气流在绕过建筑物各侧面及背面时,在这些面上产生负压区。风压就是建筑迎风面和背风面的压力差,它与建筑的形式、建筑与风的夹角和周围建筑布局等因素相关。当风垂直地吹向矩形建筑时前墙正压,两侧墙和后墙负压;斜吹时,两迎风墙为正压,背风墙为负压。任何情况下,顶屋面均在负压区内。

当风垂直吹向建筑立面时,迎风面中心处正压最大,屋角及屋脊处负压最大。在迎风面上的正压通常为自由风速动压力(风压)的 0.5~1.0 倍;而在背风面上,负压为自由风速动压力的 0.3~0.4 倍。建筑的同一表面上压力分布并不均匀,压力由压力中心向外逐渐减弱,负压区的压力变化小于正压区。

风向垂直于建筑表面时,迎风墙的正压平均为风压的 76%,墙中心为 95%,屋面为 85%,侧墙为 60%。侧墙负压平均为—62%,靠近上风部分为—70%,处下风墙角为—30%;后墙负压较均匀,平均为—28.5%,屋面负压平均为—65%,靠近上风处为—70%,下风处为—50%。

风与墙面斜交时,沿迎风墙产生显著的压力梯度,背风墙负压较均匀。风与墙面夹角为 60% 的迎风墙上,上风角点为风压的 95%,并沿下风方向减弱至零;相对背风墙面平均负压为—34.5%,另一类夹角为 30°的墙面上压力范围由上风处的 30% 减至下风处的—10%,相对的背风墙面平均负压为—50.3%。

为了充分利用风压来实现建筑自然通风,首先要求建筑外部有较理想的风环境(平均风速一般不小于 3~4 m/s)。其次,建筑应朝向夏季夜间风向,房间进深较浅(一般以 14 m 为宜),以便形成穿堂风。此外,自然风变化幅度较大,在不同季节和时段,有不同的风速和风向,应采取相应措施(如适宜的构造形式,可开合的气窗、百叶窗等)来调节引导自然通风的风速和风向,改善室内气流状况。

建筑间距减小，后排建筑的风压下降很快。当建筑间距为3倍建筑高度时，后排建筑的风压开始下降；间距为2倍建筑高度时，后排建筑的迎风面风压显著下降；间距为1倍建筑高度时，后排建筑的迎风面风压接近零。

(四)一般规定

自然通风方式适合于全国大部分地区的气候条件，是一种利用自然能量改善室内热环境的简单通风方式，常用于夏季和过渡(春、秋)季建筑物室内通风、换气以及降温。通常也作为机械供冷或机械通风时季节性、时段性的补充通风方式。

对于夏季室外气温低于30℃、高于15℃的累计时间大于1500 h的地区，在建筑物设计时，应考虑采用自然通风的可能性。

当室外热环境参数优于室内时，居住建筑和公共建筑的办公室等宜采用自然通风，使室内满足热舒适及空气质量要求；当自然通风不能满足要求时，可辅以机械通风；当机械通风不能满足要求时，宜采用空气调节。

消除建筑物余热、余湿的通风设计，应优先利用自然通风。

厨房、厕所、浴室等，宜采用自然通风。当利用自然通风不能满足室内卫生要求时，应采用机械通风。

居住建筑的自然通风应结合建筑设计，首先确定全年各季节的自然通风措施，并应做好室内气流组织，提高自然通风效率，减少机械通风和空调的使用时间。当在大部分时间内自然通风不能满足降温要求时，宜设置机械通风或空气调节系统，设置的机械通风或空调系统不应妨碍建筑物的自然通风。

(五)自然通风的设计要点

(1)建筑物室内自然通风的设计，应首先详细了解室内外的环境条件，可主要从外部环境、外部构造、内部构造、热负荷、舒适健康性等几方面考虑。

(2)自然通风的设计一般有两种方法，即室内热压作用下的简化设计计算法(简称简化计算法)和室内热环境下的计算机模拟法(简称计算机模拟法）。

（3）自然通风的设计计算应依据产生的主要作用力进行合理的选择计算。

（4）对于居住类建筑，自然通风仅在单个外窗的同一个窗孔（即中和面穿过开口）范围内进行，当热压和风压共同作用时，自然通风的通风量并不等于两者的线性叠加。

（5）自然通风的设计宜在设计计算的基础上，对室内热环境进行计算机模拟，分析建筑物及其室内的自然通风模型，并以此技术来辅助自然通风的设计，从而对建筑物室内外通风设计进行合理的完善和优化，其中包括建筑物内、外窗的形式、尺寸及位置；室内通风竖井的形式、尺寸及位置；建筑物室内的隔断高度及位置等。

（六）自然通风的适用条件

（1）由于自然通风量的不确定性和室外进风温度一般较高，室内的热量宜取小于等于 $40 \ W/m^2$。

（2）由于室内换气要求标准低，因此无确定的换气次数要求。

（3）自然通风适用于室内对温、湿度等要求范围较宽的热舒适场所；不适用于对室内温度、湿度或含尘量有一定要求的场所。

（4）当室外特别是夏季常年有不小于 $2\sim3 \ m/s$ 的平均风速时，建筑物可获得一定的风压作用。

第二节　日照采光及保温隔热

一、日照与采光

（一）日照与采光的关系

国家规定的日照要求指的是太阳直射光通过窗户照射到室内的时间长短（日照时间），对光的强弱没有规定。由于建筑窗的大小和朝向不同，建筑所在地区的地理纬度各异，加上季节和天气变化以及建筑周围的环境状况(挡光)的影响等,在一年中建筑的每天日照时间都不一样。

采光也是通过窗户获得太阳光,但不一定是直射太阳光,而是任意方向太阳光数量(亮度或照度)来建立适宜的天然光环境。与日照一样,采光受到各种因素影响,所获得的太阳光数量也是每时每刻都在变化的。

日照与采光的共同点是都利用太阳光,受到相同因素的影响,而且都有最低要求。在冬至或大寒日的有效日照时间段内阳光直接照射到建筑物内的时间长短定为日照标准,例如,北京的建筑要求大寒日住宅日照时数不少于2 h。这是因为冬至或大寒日是我国一年中日照最不利的时间。同样,在侧窗采光中也是用最小采光系数值表示采光量,也就是建立天然光光环境的最低要求。

日照与采光的差别也十分明显。日照指的是获得太阳直射光照射时间的长短,受太阳运行轨迹的直接影响;采光指的是获得天然光的数量,用采光系数表示,与太阳直射光没有直接关系。

对于建筑光环境来说,日照与采光是一对好搭档,因为光环境中既需要天然光照射的时间又需要天然光的数量。没有采光就没有日照,有了采光还需要有好的日照。

(二)采光的必要性

充足的天然采光有利于居住者的生理和心理健康,同时也有利于降低人工照明能耗,有利于降低生活成本。

人类无论从心理上还是生理上已适应在太阳光下长期生活。为了获取各种信息、谋求环境卫生和身体健康,光成了人们生活的必需品和工具。采光自然成为人们生活中考虑的主要问题之一。采光就是人类向大自然索取低价、清洁和取之不尽的太阳光能,为人类的视觉工作服务。不利用太阳能或不能充分利用太阳能等于白白浪费能源。由于利用太阳光解决白天的照明问题无需费用,正如俗话所说"不用白不用",何乐而不为呢?现在地球上埋藏的化石能源,如煤炭、石油等能源过度开发,日趋枯竭。为了开源节流,人们的目光已经转向诸如太阳能这样的清洁能源,自然采光和相关的技术显得特别重要。当然,目前的采光含义仍指建立天然光光环境,随着技术的进步,采光含义不断拓宽,终有一天,采光不仅为了建立天然光和人工光环境,也为其他的用途提供廉价清洁的能源。

(三)建筑与日照的关系

阳光是人类生存和保障人体健康的基本要素之一,日照对居住者的生理和心理健康都非常重要,尤其是对行动不便的老、弱、病、残者及婴儿;同时也是保证居室卫生、改善居室小环境、提高舒适度等的重要因素。每套住宅必须有良好的日照,至少应有 1 个居室空间能获得有效日照。

现在,城市的建筑密度大,高楼林立,住宅受到高楼挡光现象经常发生,通过法律解决日照问题已屡见不鲜,所以在建筑规划和设计阶段,无论影响他人或被他人影响的日照问题,首先都应在设计图纸上做出判断和解决。

建筑的日照受地理位置、朝向、外部遮挡等外部条件的限制,常难以达到比较理想的状态。尤其是在冬季,太阳高度角较小,建筑之间的相互遮挡更为严重。住宅设计时,应注意选择好朝向、建筑平面布置(包括建筑之间的距离,相对位置以及套内空间的平面布置,建筑窗的大小、位置、朝向),必要时使用日照模拟软件辅助设计,创造良好的日照条件。

(四)窗户与采光系数值

为了建立适宜的天然光环境,建筑采光必须满足国家采光标准的相关要求,也就是如何正确选取适宜的采光系数值。首先根据视觉工作的精细程度来确定采光系数值。其规律是越精细的视觉工作需要越高的采光系数值,这已有明确的规定。另外,窗户是采光的主要手段,窗户面积越大,获得的光也越多。换句话说,窗地面积比的值越大,采光系数值也越大。在建筑采光设计中,知道了建筑的主要用途和功能以及窗地面积比这两项基本要素,就可计算采光系数。

1.采光的数量

在室内光环境设计时,能否取得适宜数量的太阳光需要精确地估算。采光系数是国家对建筑室内取得适宜太阳光提供的数量指标,它的定义是:在全阴天空下,太阳光在室内给定平面上某点产生的照度与同一时间、同一地点和同样的太阳光状态下在室外无遮挡水平面上产生的照度值比。由于采光系数不直接受直射阳光的影响，与建筑采光口的朝向也就没有关系。关于室外无遮挡水平面上产生的照度，我国研究人员已科学地把全国分成 5 个光气候区，提供了 5 个照度，简化了复杂和多变的"光气候"，于是主要影响采光系数值是太阳光在室内给定平面上某点产生的照度。照度由三部分光产生，即天空漫射光、通过周围建筑或遮挡物的太阳反射光和光线通过窗户经室内各个表面反射落在给定平面上的光。这三部分的光都可以用简单的图表进行计算，使采光系数的计算变得十分容易。

我国根据视觉作业不同，分成 5 个采光等级，并辅以相应的采光系数。每个等级又规定了不同功能或类型的建筑采用不同采光方式时的采光系数。目前，我国的绝大部分的建筑采光方式为侧面采光、顶部采光和两者均有的混合采光，因此不同的方式规定了不同的采光系数。

窗地面积比是窗洞口面积与地面面积之比。在特定的采光条件下，建筑师可以用不同采光形式的窗地面积比对建筑设计的采光系数进行初步估算。

2. 采光的质量

采光的质量像采光的数量一样是健康光环境不可缺少的基本条件。采光的数量（采光系数）只是满足人们在室内活动时对光环境提出的视功能要求，采光的质量则是人对光环境安全、舒适和健康提出的基本要求。

采光的质量主要包括采光均匀度和窗眩光的控制。采光均匀度是假定工作面上的最小采光系数和平均采光系数之比。我国建筑采光标准只规定顶部采光均匀度不小于 0.7，对侧面采光不作规定，因为侧面采光取的采光系数为最小值，如果通过最小值来估算采光均匀度，一般情况下均能超过有些国家规定的侧面采光均匀度不小于 0.3 的要求。

采光引起的眩光主要来自太阳的直射眩光和从抛光表面来的反射眩光。窗的眩光是影响健康光环境的主要眩光源。目前，对采光引起的眩光还没有一种有效的限定指标，但是对于健康的室内光环境，避免人的视野中出现强烈的亮度对比由此产生的眩光,还可以遵守一些常用的原则,即被视的目标(物体)和相邻表面的亮度比应不小于1∶3,而该目标与远处表面的亮度比不小于1∶10。例如,深色的桌面上对着窗户并放置显示器时,在阳光下不但看不清目标,还要忍受强烈的眩光刺激。解决的办法是,首先可以用窗帘降低窗户的亮度,其次改变桌子的位置或桌面的颜色,使上述的两项比例均能满足。

(五)采光中需注意的其他问题

1.采光的窗面积和朝向

采光系数与窗的朝向无关。为了获得大的采光系数值,窗面积越大越有利。由于北半球的居民出于健康和心理原因,希望得到足够的日照,尤其是普通住宅的窗户,最好面朝阳或朝南开。直射阳光能量逐渐累积,使室内的空气温度不断升高,并正比于窗的太阳能量透过比和窗的面积,势必增加在夏季的空调负荷;在冬季,无论南向窗或北向窗,大面积窗户的散热又要增加采暖的负荷,因此采光窗的面积不是越大越好。国家建筑采光标准中根据窗地面积比得到的采光系数是合理和科学地体现了"够用"的原则,任何超过"够用"的原则,都要付出一定的代价。窗面积的大小可以直接影响建筑的保温、隔热、隔声等建筑室内环境的质量,最终影响人在室内的生活质量。

2.采光材料

现代采光材料的使用,例如玻璃幕墙、棱镜玻璃、特殊镀膜玻璃等对改善采光质量有一定作用,有时因光反射引起的光污染也是十分严重的。特别在商业中心和居住区,处在路边的玻璃幕墙上的太阳映像经反射会在道路上或行人中形成强烈的眩光刺激。通过简单的几何作图可以克服这种眩光。例如,坡顶玻璃幕墙的倾角控制在45°以下,基本上可以控制太阳在道路上的反射眩光。对于玻璃幕墙建筑,避免大平板式的玻璃幕墙、远离路边或精心设计造型等是解决光污染比较有效的办法。

3.窗的功能

窗是采光的主要工具,也起着自然通风的作用。在窗尺寸不变的情况下,窗附近的采光系数和相应的照度随着窗离地高度的增加而减少,远离窗的地方照度增加,并有良好的采光均匀度,因此窗口水平上也应尽可能高。落地窗无论对采光或通风均有良好效果,在现代住宅建筑采光窗设计中已成为时尚的做法,但对空调、采暖等其他建筑环境的影响需综合考虑。

双侧窗使采光系数的最小值接近房间中心,于是增加了房间可利用的进深。水平天窗具有较高的采光系数,有时可以比侧窗采光达到更高的均匀度,由于难以排除太阳的辐射热和积污,其使用受到严重制约。不管采用何种窗户,必须便于开启、利于通风和清洗,并要考虑遮阳装置的安装要求。

4. 采光形式

目前,采光形式主要有侧面采光、顶部采光和两者均有的混合采光,随着城市建筑密度不断增加,高层建筑越来越多,相互挡光比较严重,直接影响采光量,不少办公建筑和公共图书馆靠白天开灯来弥补采光不足,造成供电紧张。在建筑设计时,有时选用天井或采光井或反光镜装置等内墙采光方式,补充外墙采光的不足,同时也要避免太阳的直射光和耀眼的光斑。当然,最好办法是在城市规划的要求下,合理选址,严格遵守采光标准要求。

随着科技的发展,采光的含义也在不断地变化和丰富,开窗已经不是采光的唯一手段。过去,采光就是通过窗户让光进入室内,是一种被动式采光。现在,采光可以利用集光装置主动跟踪太阳运行,收集到的阳光通过光纤或其他的导光设施引入室内,使窗户作为主要采光手段的情况有所变化。将来,窗户主要作为人与外界联系的窗口,或作为太阳能收集器也是有可能的。目前,我国设计、制作和应用导光管的技术日趋成熟,可以把光传输到建筑的各个角落,而且夜间又可作为人工光载体进行照明,导光管是采光和照明均可利用的良好工具。

二、保温隔热

(一)建筑工程外墙保温施工流程设计

外墙保温施工流程如下:调查现场施工情况选择,设计并加工保温板;定位放线;外墙钢筋绑扎;安放垫块及砂浆成块;安装并加固保温板;安装内侧模板及外侧木栅栏;验收模板;浇筑混凝土;拆除,养护并加固;清理拆架加外墙装饰等。

根据施工流程,在建筑外墙复合保温板施工中有许多环节需要加以注意。比如复合保温板的选择要根据外墙施工情况和当地气候情况选择合适尺寸及传热系数,选用的复合保温板常规尺寸满足需求进行适当切割后即可使用,传热系数为 $0.03\sim0.044$ W(m^2·K),满足当地气候条件及保温需求。施工中,复合保温板安装后再进行混凝土浇筑,如此一来不仅能够满足外墙保温需求,同时还能够将保温板作为外墙的外侧模板使用。保温板与剪力墙、梁柱同时浇筑再进行锚栓,水平拉筋等可强化混凝土外墙基体,对墙体结构影响较小,在保障其承重功能的同时兼具防火、保温等性能,具有防火型号,经济效益高、耐用等显著特点。

(二)建筑工程外墙保温隔热施工技术设计

施工操作中有几个重要环节需要注意并做好质量控制措施,以保障复合保温板的成功安装,实现建筑外墙保温,这几个环节分别是:安装并固定保温板,混凝土浇筑、保温板锚固与细节方面的处理。安装与固定环节,要对外墙基层进行清扫处理,确保无残浆等残留才能够进行安装,根据之前预先设好的外边线自下而上进行安装。安装时要检查结构钢筋的绑扎,混凝土垫块与撑条的安装,确保符合施工要求后才能够进行施工。根据外墙施工情况将尺寸合适的保温板安装到位。安装顺序为从下到上,从阳角到阴角。按照以上顺序安装就位之后,接下来要将预设在保温板内的水平拉筋挂在结构钢筋上,将塑料板卡安装在板角处,做到横平竖直,缝宽控制在≤2.5 mm,确保板面平整与清洁,然后安装内侧和侧面模板、穿孔,对拉螺栓。

　　浇筑混凝土要在保温板安装之后进行,要对表面的平整度和垂直度进行检验,确保符合规格才能进行,这样有助于保障模板的稳固性。浇筑过程要全程有技术人员监督,并进行跟踪检查,以确保浇筑过程无误。期间,要避免振捣棒接触到保温板,并随时观察保温板情况,一旦出现危急情况,立即采取补救措施。比如剪力墙的浇筑,要分层浇捣,每层厚度约在 30～50 cm,振捣节奏快插慢拔,保证振捣密实,与洞口保持垂直。安装保温板之后,需要在外墙涂抹防水砂浆,再进行浇筑。

　　保温板的锚固需要结构层和板材之间有足够的粘结力这样才能够确保稳固性,所以通过钻孔植入尼龙膨胀螺栓并固定,这样能够增加其抗拉承压应力。保温板安装好之后,许多细节之处都要进行针对性处理,比如拆模后板材之间留有细缝,细缝的处理步骤如下,首先用水泥砂浆加固,干燥后加镀锌电焊网,然后使用锚栓固定,最后再用砂浆层加固,此次缝宽控制在 2.5 mm 以下,完全满足施工需求。对于建筑外墙的门窗洞口等部分的保温处理可通过先加注聚苯颗粒保温层再涂抹防水层的方法进行处理。对于受冷热影响较大的剪力墙、结构梁、热桥等接触部位通过使用内轻质混凝土外聚苯颗粒保温层的方法做保温措施。需要注意的是,保温砂浆的存放要注意防潮、防水,防晒,将其置于通风干燥处,使用搅拌机械进行搅拌,注意砂浆的配比。

第三节　遮挡阳光

一、夏季的阳光调节

　　温和地区夏季虽然并不炎热,但是由于太阳辐射强,阳光直射下的温度较高,且阳光中较高的紫外线含量对人体有一定的危害,因此夏季阳光调节的主要任务是避免阳光的直接照射以及防止过多的阳光进入到室内。避免阳光的直接照射及防止过多阳光进入室内最直接的方法就是设置遮阳设施。

在温和地区,建筑中需要设置遮阳的部位主要是门、窗以及屋顶。

(一)窗与门的遮阳

在温和地区,东南向、西南向的建筑物接收太阳辐射较多;而正东向的建筑物上午日照较强;朝西向的建筑物下午受到的日照比较强烈,所以建筑中位于这四扇朝向的窗和门需要设置遮阳。对于温和地区,由于全年的太阳高度角都比较大,所以建筑宜采用水平可调式遮阳或者水平遮阳结合百叶的方式。

(二)屋顶的遮阳

温和地区夏季太阳辐射强烈,太阳高度角大,在阳光直接照射下温度很高,建筑的屋顶在阳光的直射下,如果不设置任何遮阳或隔热措施,那么位于顶层的房间就会非常热。因此温和地区建筑屋顶也是需要设置遮阳的地方。

屋顶遮阳可以通过屋顶遮阳构架来实现,它可以实现通过供屋面植被生长所需的适量太阳光照的同时,遮挡过量太阳辐射,降低屋顶的热流强度,还可以延长雨水自然蒸发时间,从而延长屋顶植物自然生长周期,有利于屋面植被生长,这样将绿色植物与建筑有机地结合在一起,不仅显示了建筑与自然的协调性,而且与园林城市的特点相符合,充分体现出了绿色建筑的"环境友好"特性。另外,还可以在建筑的屋顶设置隔热层,然后在屋面上铺设太阳能集热板,将太阳能集热板作为一种特殊的遮阳设施,这样不仅挡住了阳光直射还充分利用了太阳能资源,也是绿色建筑"环境友好"特性的充分体现。

二、冬季的阳光调节

温和地区冬季阳光调节的主要任务是让尽可能多的阳光进入室内,利用太阳辐射所带有的热量提高室内温度。

(一)主朝向上集中开窗

在建筑选取了最佳朝向为主朝向的基础上,应该在主朝向和其相对朝向上集中开窗开门,使在冬季有尽可能多的阳光进入室内。以昆明为例,建筑朝向以正南、南偏东 30°、南偏西 30°的朝向为最佳,当建筑选取以上朝向时,是可以在主朝向上集中开窗的。

(二)窗和门的保温

外窗和外门处通常都是容易产生热桥和冷桥的地方。在温和地区,冬季晴朗的白天空气温暖,夜间和阴雨天时气温比较低,但在冬季不管是夜晚和阴雨天还是温暖晴朗的白天室内温度都高于室外,有研究表明昆明地区的冬季,在各种天气状况下,其日均气温和平均最低气温均是室内高于室外。因此温和地区的建筑为防止冬季在窗和门处产生热桥,造成室内热量的损失,就需要在窗和门处采取一定的保温和隔热措施。

(三)设置附加阳光间

温和地区冬季太阳辐射量充足,因此适宜冬季被动式太阳能采暖,其中附加阳光间是一种比较适合温和地区的太阳能采暖的手段。例如,在昆明地区,住宅一般都会在向阳侧设置阳台或是安装大面积的落地窗并加以遮阳设施进行调节。这样不仅在冬季获得了尽可能多的阳光,而且在夏季利用遮阳防止了阳光直射入室内。其实这种做法就是利用了附加阳光间在冬季能大面积采光的供暖特点,并利用设置遮阳解决了附加阳光间在夏季带入过多热量的缺点。

三、既有建筑外遮阳节能

众所周知,建筑是由围护结构包括墙体、屋面、门窗、地面等围合起来的空间。这一空间热环境的优势取决于室外自然气候和同护结构的保温隔热性能的高低。因此,改善建筑围护结构的热工性能,是解决室内热环境的首要问题。而采用建筑外遮阳是减少外界环境对室内热环境影响的建筑手段之一。建筑外遮阳的作用是降低建筑的制冷负荷,在创造舒适健康的室内外环境同时,也为建筑提供了更多的表现形式,使建筑物更富有更强的生命力。

外遮阳按照系统可调性能不同,可分为固定式遮阳、活动式遮阳两种。固定式遮阳系统一般是作为结构构件(如阳台、挑檐、雨棚、空调挑板等)或与结构构件固定连接形式,包括水平遮阳、垂直遮阳和综合遮阳,该类遮阳系统应与建筑一体化,既达到遮阳效果又美观,所以用新建建筑较为方便。活动式遮阳系统包括可调节遮阳系统(如活动式百叶外遮阳、生态幕墙百叶帘和翼形遮阳板等)和可收缩遮阳系统(如可折叠布篷、外遮阳卷帘、户外天棚卷帘等)两大类,但有时可调节遮阳系统也具有可收缩遮阳系统的功能。活动外遮阳可根据室内外环境控制要求进行自由调节,安装方便,装拆简单。夏天可根据需要启用外遮阳装置,遮挡太阳辐射热,降低空调的负荷,改善室内的热环境和光环境;冬天可收起外遮阳,让阳光与热辐射透过窗户进入室内,减少室内的采暖负荷并保证采光。

既有建筑利用外遮阳的节能改造,宜采用活动外遮阳。常见的活动外遮阳系统有活动式百叶帘外遮阳、外遮阳卷帘、遮阳篷等。活动式百叶帘外遮阳可通过百叶窗角度调整控制入射光线,还能根据需求调节入室光线,同时减少阳光照射产生的热量进入室内,有助于保持室内通风良好、光照均匀,提高建筑物的室内舒适度,可丰富现代建筑的立面造型。实践证明,增加活动式百叶帘外遮阳,是一种极佳的被动节能改造技术措施,宜优先选用。

很多城市对既有建筑利用遮阳的节能改造经验表明,利用垂直绿化遮阳在夏热地区也是一种很好的建筑节能措施。夏天茂密的绿叶能起到很好的遮阳效果,冬天落叶也不遮挡太阳光进入室内。在设计时可结合建筑的外立面改造进行。

(一)增加活动外遮阳

据有关资料介绍,在影响建筑能耗的围护部件中,外墙窗户的绝热性能最差,约占建筑围护部件总能耗的 30%～50%。炎热的夏季,太阳辐射透过窗户直接进入室内的热量,是造成室内过热或严重增加空调制冷负荷的主要原因。据统计,夏季因太阳辐射热透过玻璃窗射入室内而消耗的能量约占空调负荷的 20%～30%。因此,增强外窗的保温隔热性能,减少外窗的能耗,是提高建筑节能水平的重要环节,而增加活动外遮阳是既有建筑夏季隔热节能最有效的方法。

增加活动外遮阳主要是指活动式百叶外遮阳(简称遮阳百叶)。遮阳百叶一般安装在窗户外侧,主要适用于对隔热和防护要求较高的场合,达到遮阳的目的,在冬季还对窗户起到防护作用,避免寒风侵袭;另外,质地坚固的百叶窗还可替代防盗网。

工程实践证明,遮阳百叶的遮阳系数可达 0.2 以下,节能效果非常明显,安装在玻璃窗的外侧,通过电动、手动或风、光、雨、温度传感器,控制铝合金叶片的升降、翻转,实现对太阳辐射热量及入射光线自由调节和控制,使室内通风良好、光线均匀。铝合金外遮阳百叶帘具有高耐候性,能长期抵抗室外恶劣气候,经久耐用,外形美观。这种遮阳百叶可在工厂中制作好,在建筑节能改造现场直接安装,并可以采用流水作业,不影响建筑的正常使用,也不影响正常的生活和工作。

铝合金外遮阳百叶帘系统由铝合金罩盒、铝合金顶轨、铝合金帘片、铝合金轨道、驱动系统(电动和手动)等组成,一般在节能改造中不宜嵌装,宜采用明装方式安装。为了加强百叶帘的抗风能力,叶片两端采用钢丝绳导向装置支撑。安装时在窗外墙面上用膨胀螺栓固定百叶帘悬吊架,再将百叶帘安装在悬吊架的内侧。将导向钢丝绳的上端固定在传动槽上,悬吊架及传动槽外侧安装彩色铝合金上部罩壳。窗下沿着墙面上设置下支架,作为钢丝绳下端的固定点,下支架外侧安装彩色铝合金下部罩壳。上、下部罩壳既可隐蔽传动槽,又可作为建筑物外立面的装饰线条。百叶帘采用电动机驱动,控制开关布置在便于操作的内墙面上。

(二)用垂直绿化遮阳

垂直绿化是相对于地面绿化而言的,它利用檐、墙、杆、栏等栽植藤本植物、攀缘植物和垂吊植物,达到防护、绿化和美化的效果。建筑垂直绿化是垂直绿化的一种,指在建筑物外表面及室内垂直方向上进行的绿化。垂直绿化可以减缓墙体、屋内直接遭受自然的风化等作用,延长维护结构的使用寿命,改善维护结构保温隔热性能,节约能源。

建筑垂直绿化又称为建筑立面绿化,就是为了充分利用空间,在墙壁、阳台、窗台、屋顶、棚架等处栽种攀缘植物,以增加绿化覆盖率,改善居住环境。这种绿化方式夏天能充分利用植被在建筑物表面形成遮挡,有效地降低建筑物的夏季辐射的热;冬天植物叶落后,不再遮挡太阳光,不影响建筑获得太阳辐射热,是一种有效的被动式节能手段。建筑垂直绿化主要包括墙体绿化、屋顶绿化、阳台绿化、室内绿化及其他等多种形式。

建筑垂直绿化可减少阳光直接照射,降低室内的温度。绿色植物在夏季能起到降温增湿、调节微气候的作用。据测定,有紫藤棚遮阳的地方,光照强度仅为有阳光直射地方的1/20左右。浓密的紫藤枝叶像一层厚厚的绒毯,降低了太阳的辐射强度,同时也降低了温度。城市的墙面反射甚为强烈,进行墙面垂直绿化,墙面的温度可降低2~7℃,室内的温度则会降低更多,特别是朝西的墙面绿化覆盖后降温效果更为显著。同时,墙面、棚面绿化覆盖后,空气的湿度还可以提高10%~20%,这在炎热夏天大大有利于人们消除疲劳,增加室内外环境的舒适感。

进行垂直绿化的立地条件多数都比较差,所以选用的植物材料一般要求具有浅根性、耐贫瘠、耐干旱、耐水淹、对阳光有高度适应性等特点。例如,属于攀缘蔓性植物的有爬山虎、常春藤、牵牛、雷公藤、葡萄、紫藤、爬地柏等;属于阳性植物的有太阳花、五色草、景天、鸢尾、草莓等;属于阴性植物的有三叶草、玉簪、万年青、留兰香、虎耳草等。

不同气候条件的地区,对垂直绿化的设计要求不同。建筑垂直绿化的设计,一定要因地制宜、因地而异。通常在大门口处搭设棚架,再种植攀缘植物;或以绿篱、花篱或篱架上攀附各种植物来代替围墙。阳台和窗台可以摆花或栽植攀缘植物来绿化遮阳,墙面可用攀缘蔓生植物覆盖。

第三章 绿色建筑规划及设计要素

第一节 绿色建筑理论的基本概念与内涵

一、绿色建筑的基本概念

(一)基本概念

绿色建筑是指在建筑的全寿命周期内,最大限度地节约资源(节能、节地、节水、节材)、保护环境和减少污染,为人们提供健康、适用和高效的使用空间,与自然和谐共生的建筑。

建筑的全生命周期是指包括建筑的物料生产、规划、设计、施工、运营维护、拆除、回用和处理的全过程。

由于地域、观念、经济、技术和文化等方面的差异,目前国内外尚没有对绿色建筑的准确定义达成普遍共识。此外,由于绿色建筑所践行的是生态文明和科学发展观,其内涵和外延是极其丰富的,是随着人类文明进程不断发展的,没有穷尽的,因而追寻一个所谓世界公认的绿色建筑概念没有什么实际意义。事实上,和其他许多概念一样,人们可以从不同的时空和不同的角度来理解绿色建筑的本质特征。现实也正是如此。当然,有一些基本的内涵却是举世公认的。

(二)相近概念辨析

与绿色建筑相近的几个概念,包括"节能建筑""智能建筑""低碳建筑""生态建筑"和"可持续性建筑"等。

节能建筑是指遵循气候设计和节能的基本方法,对建筑规划分区、群体和单体、建筑朝向、间距、太阳辐射、风向以及外部空间环境进行研究后,设计出的低能耗建筑。绿色建筑的内涵包括"四节一环保",即节能、节地、节水、节材、环境保护,而节能建筑只强调节约能源的概念。

智能建筑是指通过将建筑物的结构、设备、服务和管理根据用户的需求进行最优化组合,从而为用户提供一个高效、舒适、便利的人性化建筑环境。智能建筑是集现代科学技术之大成的产物,其技术基础主要由现代建筑技术、现代计算机技术、现代通信技术和现代控制技术组成。智能建筑是绿色建筑重要的实施手段和方法,以智能化推进绿色建筑,节约能源、降低资源消耗和浪费。减少污染,是智能建筑发展的方向和目的,也是全面实现绿色建筑的必由之路。绿色建筑强调的是结果,智能建筑强调的是手段。在信息与网络时代,迅速发展的智能化技术为绿色建筑的发展奠定了坚实基础。

低碳建筑是指在建筑材料与设备制造、施工建造和建筑物使用的整个生命周期过程中,尽可能节约资源,最大限度地减少温室气体排放,为人们提供健康、舒适和高效的生活空间,实现建筑的可持续发展。建筑在二氧化碳排放总量中,几乎占到了 50%,这一比例远远高于运输和工业领域。在发展低碳经济的道路上,建筑的"节能"和"低碳"注定将成为人们绕不开的话题。低碳建筑侧重于从减少温室气体排放的角度,强调采取一切可能的技术、方法和行为来减缓全球气候变暖的趋势。

生态建筑是根据当地的自然生态环境,运用生态学、建筑技术科学的基本原理和现代科学技术手段等,合理安排并组织建筑与其他相关因素之间的关系,使建筑和环境之间成为一个有机的结合体,同时具有良好的室内气候条件和较强的生物气候调节能力,以满足人们居住生活的环境舒适,使人、建筑与自然生态环境之间形成一个良性循环系统。因此,它是以生态原则为指针,以生态环境和自然条件为价值取向所进行的一种既能获得社会经济效益,又能促进生态环境保护的边缘生态工程和建筑形式。

可持续性建筑关注对全球生态环境、地区生态环境及自身室内外环境的影响。关注建筑本身在整个生命周期内(即从材料开采、加工运输、建造、使用维修、更新改造直到最后拆除)各个阶段对生态环境的影响。

总之,以上几个概念相近但又有不同。

二、绿色建筑的基本内涵

(一)节约环保

节约环保就是要求人们在构建和使用建筑物的全过程中,最大限度地节约资源(节能、节地、节水、节材)、保护环境、呵护生态和减少污染,将因人类对建筑物的构建和使用活动所造成的对地球资源与环境的负荷和影响降到最低限度,使之置于生态恢复和再造的能力范围之内。

我们通常把按节能设计标准进行设计和建造,使其在使用过程中降低能耗的建筑叫作节能建筑。这就是说,绿色建筑要求同时是节能建筑,但节能建筑不能简单地等同于绿色建筑。

(二)健康舒适

创造健康和舒适的生活与工作环境是人们构建和使用建筑物的基本要求之一。就是要为人们提供一个健康、适用和高效的活动空间。

(三)自然和谐

自然和谐就是要求人们在构建和使用建筑物的全过程中,亲近、关爱与呵护人与建筑物所处的自然生态环境,将认识世界、适应世界、关爱世界和改造世界,自然和谐地统一起来,做到人、建筑与自然和谐共生。只有这样,才能兼顾与协调经济效益、社会效益和环境效益,才能实现国民经济、人类社会和生态环境又好又快地可持续发展。

绿色建筑之所以不同于传统建筑,关键在于它强调的是,建筑物不再是孤立的、静止的和单纯的建筑本体自身,而是一个全面、全程、全方位、普遍联系、运动变化和不断发展的多元绿色化物性载体,也就是将一个传统的孤立、静止、单纯和片面的建筑概念变为了一个现代的关联、动态、多元和复合的绿色建筑概念。这与传统建筑的内涵和外延都是有本质区别的。这种区别不是定义的文字游戏，而是人类对建筑本质的认识在质上的飞跃。离开了建筑的绿色化本质要求来孤立、静止和片面地讨论建筑本体自身的时代已经过去，以不注重甚至以牺牲环境、生态和可持续发展为代价的传统建筑和房地产业已经走到了尽头。

发展绿色建筑的过程本质上是一个生态文明建设和学习实践科学发展观的过程。其目的和作用在于实现与促进人、建筑和自然三者之间高度的和谐统一；经济效益、社会效益和环境效益三者之间充分地协调一致；国民经济、人类社会和生态环境又好又快地可持续发展。

实际上，发展绿色建筑是人类社会文明进程的必然结果和要求，是人类对建筑本质认识的理性把握，是人类对建筑所持有的一种新的系统理论和主张，是一个主义，是一面旗帜。旗子立起来了，就象征着希望，就指引着方向。我们人生的绝大部分时间是在建筑物内度过的，每一个人无一例外地都或多或少地与建筑有着千丝万缕和密不可分的联系，更不用说从业于建筑和房地产业相关领域工作的人们了。因此，必须把建设资源节约型、环境友好型社会放在国家的工业化和现代化发展战略的突出位置，落实到每个单位、每个家庭。在绿色建筑这面旗帜的指引下，走生产发展、生活富裕和生态良好的文明发展建设之路，共创世世代代幸福美好的明天。

第二节　绿色建筑工程管理的内涵及区别

一、绿色建筑工程管理的内涵

(一)技术管理

绿色建筑建设的过程中积极运用新型建筑节能技术，构建新型建筑节能体系，把简单实用的技术很好地应用到绿色建筑中。绿色建筑的难点在于把先进适用技术在建筑中用好,这符合技术发展规律继承和扬弃,而不是简单地替代。扬弃的含义是淘汰不合理、落后的,保留合理的。在推广新技术和开发绿色建筑过程中,均应注意这个问题。具体而言,要大力推广以下建筑节能技术。①新型节能建筑体系通过提高围护结构的热阻值和密闭性,达到节约建筑物使用能耗的目的。新型节能建筑体系包括墙体、屋面保温隔热技术与产品,节能门窗和遮阳等节能技术与产品。②暖通空调制冷系统调控、计量、节能技术与产品。③太阳能、地热能、风能和沼气等可再生能源的开发与利用。④节水器具、雨水收集和再生水综合利用等节水技术与产品。⑤预拌砂浆、预拌混凝土、散装水泥等绿色建材技术与产品。⑥室内空气质量控制技术与产品。⑦垃圾分类收集和废弃产品循环利用。⑧建筑绿色照明及智能化节能技术与产品。

(二)设计管理

绿色建筑的设计管理即是对绿色建筑方案设计过程中的管理。绿色建筑的设计要考虑到周围环境的气候条件;绿色建筑设计要考虑到应用环保节能材料和高新施工技术;绿色建筑设计要考虑到人、建筑和环境协调统一,在这三个原则上,绿色建筑在设计时要构造舒适和健康的生活环境,即建筑内部不使用对人体有害的建筑材料和装修材料,应尽量采用天然材料。室内空气清新,温湿度适当,使居住者感觉良好,身心健康。绿色建筑还要根据项目地理条件,设置太阳能采暖、地源热泵及风力发电等装置,以充分利用环境提供的天然可再生能源。通过对几种不同的设计方案进行技术经济分析,并结合地质、气象、水文等客观条件来进行最后方案的选择。

1.初步设计阶段

对项目进行初步能源评估、环境评估、采光照明评估,并提出绿色建筑节能设计意见,与设计部门沟通,提出一切可能的绿色建筑节能技术策略,并协助设计部门完成高质量的绿色建筑方案的设计。

首先进行项目的整体绿色建筑设计理念策划分析,继而进行项目目标的确认,分析项目适合采用的技术措施与实现策略;其次,通过对项目资料分析整理,明确项目施工图及相关方案的可变更范围;再次,根据设计目标及理念,完成项目初步方案、投资估算和绿色标识星级自评估;最后,向业主方提供《项目绿色建筑预评估报告》。

2.深化设计阶段

在深化设计阶段,设计方将依据业主的要求,对设计部门提交的设计文件和图纸资料进行深入细致的分析,并提出相应的审核意见,给出各个专业具体化指标化的建筑节能设计策略。比如空调系统的选型建议、墙体保温设计、遮阳优化设计、建筑整体能耗分析和节能技术寿命周期成本分析等。

根据甲方确认的星级目标及绿色建筑星级自评估结论,确定项目所要达到的技术要求;根据项目工作计划与进度安排,完成建筑设计、机电设计、景观设计、室内设计以及其他相关专业深化设计;完成设计方案的技术经济分析,并落实采用技术的技术要点、经济分析、相关产品等;完成绿色建筑星级认证所需要完成的各项模拟分析,并提供相应的分析报告,向业主方提供《项目绿色建筑设计方案技术报告》。

3.结构设计阶段

结构设计优化方案是对结构设计的全方位管理过程的设计咨询,通过设计方案的前期介入,保证结构设计进度满足项目总体开发要求,并在保证设计质量的前提下尽量降低结构成本,提供专业建议和结构多方案比较优化建议、施工图设计建议,以及保持全过程中与施工图审查单位的沟通。结构设计优化,即在可行的所有的设计方案中找出最优方案,在保证建筑物安全、技术可行、配合并促进建筑设计的前提下,在满足有关规范所规定的安全度的条件下,利用合理的技术手段,以最低的结构经济指标完成建筑物的结构设计。在确定结构方案阶段,进行结构体系的合理选型和结构的合理布置;在初步设计阶段,要确保结构概念、结构计算和结构内力分析正确;在施工图设计阶段,要进行细部设计,确保构造措施的合理性,并尽量采用合理的施工工艺。

4.施工图设计阶段

参与整个施工图完善修改阶段的技术指导,根据确定的设计方案,提供相关技术文件,指导施工图设计融入绿色建筑技术和细部理念;提供施工图方案修改完善建议书,并对方案进行进一步的完善和调整,对设计策略中提出的标准和指标进行落实,以确保设计符合业主意图,并对各种实施策略进行最终的评估。

5.设计评价标准申报阶段

按照《绿色建筑评价标准》要求,完成各项方案分析报告、协助业主完成绿色建筑设计评价标识认证的申报工作,编制和完善相关申报材料,进行现场专家答辩。与评审单位进行沟通交流,对评审意见进行反馈及解释。

(三)施工管理

一个工程项目从立项、规划、设计、施工、竣工验收到资料归档管理,整个流程,环环相扣,每个环节都很重要。其中,施工是将设计意图转化为实际的过程,施工过程中的任何一道工序均有可能对整个工程的质量产生致命的缺陷,因此施工管理也是绿色建筑非常重要的管理环节。

绿色施工管理可以定义为通过切实有效的管理制度和工作制度,最大限度地减少施工管理活动对环境的不利影响,减少资源与能源的消耗,实现可持续发展的施工管理技术。绿色施工管理是可持续发展思想在工程施工管理中的应用体现,是绿色施工管理技术的综合应用。绿色施工管理技术并不是独立于传统施工管理技术的全新技术,而是用"可持续"的眼光对传统施工管理技术的重新审视,是符合可持续发展战略的施工管理技术。

绿色施工管理主要包括组织管理、规划管理、实施管理、评价管理、人员安全与健康管理五个方面。组织管理就是通过建立绿色施工管理体系,制定系统完整的管理制度和绿色施工整体目标,将绿色施工的工作内容具体分解到管理体系结构中去,使参建各方在项目负责人的组织协调下各司其职地参与到绿色施工过程中,使绿色施工规范化、标准化。规划管理主要是指编制执行总体方案和独立的绿色施工方案,实质是对实施过程进行控制,以达到设计所要求的绿色施工目标。实施管理是指绿色施工方案确定之后,在项目的实施阶段,对绿色施工方案实施过程进行策划和控制,以达到绿色施工目标。绿色施工管理体系中应建立评价体系,根据绿色施工方案,对绿色施工效果进行评价。人员安全与健康管理就是通过制定一些措施,改善施工人员的生活条件等来保障施工人员的职业健康。

(四)运营管理

绿色建筑运营管理是在传统物业服务的基础上进行提升,在给排水、燃气、电力、电信、保安、绿化等管理以及日常维护工作中,坚持"以人为本"和可持续发展的理念,从建筑全寿命周期出发,通过有效应用适宜的高新技术,实现节地、节能、节水、节材和保护环境的目标。绿色建筑运营管理的内容主要包括网络管理、资源管理、改造利用以及环境管理体系。

网络管理即建立运营管理的网络平台,加强对节能、节水的管理和环境质量的监视,提高物业管理水平和服务质量,建立必要的预警机制和突发事件的应急处理系统。

二、绿色建筑与传统建筑的区别

(一)建筑设计方面

所谓的"绿色设计"是内在的、本质的考虑,而且这种考虑应该贯穿到整个建筑过程,从最初的项目可行性论证、环境影响评估及环境策略的制定,到建筑设计、施工,直到建成后的运营管理,甚至还需考虑到建筑拆除时的材料可回收使用性、垃圾处理等问题。这是用整体的设计观,从建筑的全寿命周期出发,全面考虑建筑的各种问题,也考虑建筑与环境的密切联系,实现建筑与自然环境的和谐共生。与之相反,传统建筑的设计,也许会考虑所规划地块内的环境与建筑协调,但往往不会考虑与地块外自然环境和居住环境的和谐,建筑体被人为地从自然中剥离,从而使得建筑的使用者觉得建筑与环境格格不入。

(二)技术手段方面

绿色建筑最大的优点是节约资源、环保,通过适宜技术、材料的运用、更合理的空间设计、完善的功能布局,打造更宜于人居、更符合环境保护和可持续发展的建筑。这些技术、新材料有的是新技术新材料,有的不是,有的成本高,有的成本低。例如:陕北的窑洞冬暖夏凉,就地取材,建设废弃物较少;新疆农村特色土建,采用主要的建材是当地的石膏和透气性好的秸秆组合而成,保温性高;贵州青镇石板房,除檩条、椽子是木料外,其余全是当地盛产优质石料,冬暖夏凉,防潮防火。

而对传统建筑而言,由于在建筑设计时就没有强调节能环保,在建造过程中也没有这样的理念,片面追求速度,往往后期出现的问题就是能耗高、污染多。建筑运行的能耗,包括建筑物照明、采暖、空调和各类建筑内使用电器的能耗,将一直伴随建筑物的使用过程而发生,占到了建筑总能耗的 80% 左右。传统建筑运行的能耗,仅采暖空调一项就造成了不可计数能源的浪费,另外,建筑对环境不但没有改善作用,反而往往由于污水排放、废气处理不到位等问题,导致了环境污染。

(三)投资收益方面

绿色建筑前期投入大,后期效益高,与之相反,传统建筑前期投入小,后期浪费大。由于绿色建筑的诸多"优点"的显现是一个长期的过程,即在建筑的全寿命周期内,在平时的生活中才会感受到,一般房地产商在全寿命周期中,只充当建设者的角色,他们在感受不到绿色建筑的长期效益的情况下,自然缺乏对绿色建筑的积极性,所以大部分开发商并不愿意为此"买单"。而绿色建筑的推广,对全社会、对国家的长远发展是有利的,所以为加快推进我国绿色建筑的发展,规范绿色建筑的规划、设计、建设和管理,我们国家已经出台多项扶持政策,并且为社会资本的介入提供了很多的便利条件。尽管如此,在现实中由于多方面的原因,操作起来还是有很多的困难。

与之相反,传统建筑在投资收益方面,由于房地产商基于自己建设者的角度来考虑效益,主要目标就是用最少的钱把房子盖好,然后卖出去。

并不考虑建筑后期的运行会产生多大的浪费,简而言之,就是基于自身利益角度出发,而不是从社会长远发展角度出发,这主要取决于房地产商的道德高度。

(四)地域适应性方面

绿色建筑强调用建筑的办法解决不同地域不同气候的问题。可见,并不是所有的经验都可以直接拿来使用,还需要因地制宜,考虑什么是适合自己的。国外的经验不能解决中国的问题,南方的经验不能解决北方的问题,绿色建筑就是强调因地制宜,可调节以适应气候变化。例如南方地区的遮阳窗户,做成可调节方向的,就可以提高遮阳效率,从而达到节能环保的目的。

传统建筑在一定程度上也考虑了地域性,但目标不是为了使建筑与地域环境相协调,而是简单地也可以使用作为目标,与绿色建筑的目标层次有所区别。例如北方的建筑不会做有专门遮阳装置的窗户,但也未必会做成与当地环境协调的特有的样式,正因为此,才让人有全国盖的楼都长一个样的感觉。

总之,不可否认,绿色建筑的确存在成本增量,但是这部分增量放在建筑的全寿命周期内来看,所占总成本中的比例就非常小。从长期运营成本、综合生态效益、居住舒适度考虑,绿色建筑性价比更高。就中国目前的情况来看,要发展绿色建筑,最关键的不是设计、制造高标准、高技术水准的建筑去做示范和宣传,而是要形成一个共识,让大家从意识上认同绿色建筑的好处,为绿色建筑的普及提供更便利的条件。

第三节 绿色建筑的科学规划

一、绿色建筑科学规划的原则和内容

(一)科学规划的原则

1.强调规划的先导作用

为实现绿色建筑在资源节约和环境保护方面的综合效益,不仅需要在建筑设计阶段实现"四节一环保"的具体目标,还需要在详细规划阶段为低碳生态城市策略的实施创造良好的基础条件。单体绿色建筑的节能减排任务和目标分解工作,需要通过规划来总体协调,将原本分散在各板块中的指标建立起统一体系,并向更宏观的尺度延伸,通过与规划指标的对接,和整个城市的可持续发展形成直接的对应关系,以实现绿色建筑与低碳生态城市策略的结合。

2. 强调指标的衔接性

通过对现有典型功能区的指标进行梳理,并分析影响城市碳排放的重要板块,将主要影响因素按照城市规划专项划分为空间规划、交通组织、资源利用和生态环境四类,构建详细规划设计指标体系。该指标体系是低碳生态发展目标在城市规划与建筑设计层面上的体现,兼顾了管理和设计的需要。指标体系对应基本建设程序,在各设计阶段提出要求,实现了规划管理与建筑设计阶段的全覆盖。将指标体系纳入规划意见书、方案审查、施工图审查等管理阶段,能实现对设计全过程的管理控制。

3. 强调指标的地方性

以北京为例,城市功能的高度聚集带来了复杂的交通拥堵、环境污染、城市管理等诸多问题,资源与生态环境压力日益紧迫,城市建设面临着严峻的资源瓶颈。能源、水、材料等城市发展核心资源均严重依赖外部支持,其中能源消费63％为煤基能源;水资源严重短缺,仅达到世界人均水平的1/30;生物群落结构简单,草坪占城市绿地总面积的80％。因此,基于低碳生态详细规划的绿色建筑指标体系的制定,围绕可持续发展面临的最主要矛盾,结合了北京的特点和经济实力,体现了鲜明的北京特色。

(二)绿色建筑科学规划的内容

1. 绿色建筑的综合设计

所谓绿色建筑的综合设计是指技术经济绿色一体化综合设计,就是以绿色化设计理念为中心,在满足国家现行法律法规和相关标准的前提下,在技术可行和经济实用合理的综合分析的基础之上,结合国家现行有关绿色建筑标准,按照绿色建筑的各方面要求,对建筑所进行的包括空间形态与生态环境、功能与性能、构造与材料、设施与设备、施工与建设、运行与维护等内容在内的一体化综合设计。

在进行绿色建筑的综合设计时,要注意考虑以下方面:①进行绿色建筑设计要考虑到居住环境的气候条件;②进行绿色建筑设计要考虑到应用环保节能材料和高新施工技术;③绿色建筑是追求自然、建筑和人三者之间和谐统一;④以可持续发展为目标,发展绿色建筑。

绿色建筑是随着人类赖以生存的环境,不断濒临失衡的危险现状所寻求的理智战略,它告诫人们必须重建人与自然有机和谐的统一体,实现社会经济与自然生态高水平的协调发展,建立人与自然共生共息、生态与经济共繁荣的持续发展的文明关系。

2. 绿色建筑的整体设计

所谓绿色建筑的整体设计是指全面、动态人性化的设计,就是在进行建筑综合设计的同时,以人性化设计理念为核心,把建筑当作一个全寿命周期的有机整体来看待,把人与建筑置于整个生态环境之中,对建筑进行的包括节地与室外环境、节能与能源利用、节水与水资源利用、节材与绿色材料资源利用、室内环境质量和运营管理等内容在内的人性化整体设计。

整体设计对绿色建筑至关重要,必须考虑当地的气候、经济、文化等多种因素,从 6 个技术策略入手:①首先要有合理的选址与规划,尽量保护原有的生态系统,减少对周边环境的影响,并且充分考虑自然通风、日照、交通等因素;②要实现资源的高效循环利用,尽量使用再生资源;③尽可能采取太阳能、风能、地热、生物能等自然能源;④尽量减少废水、废气、固体废物的排放,采用生态技术实现废物的无害化和资源化处理,以回收利用;⑤控制室内空气中各种化学污染物质的含量,保证室内通风、日照条件良好;⑥绿色建筑的建筑功能要具备灵活性、适应性和易于维护等特点。

3. 绿色建筑的创新设计

所谓绿色建筑的创新设计是指具体求实个性化创新设计,就是在进行综合设计和整体设计的同时,以创新型设计理论为指导,把每一个建筑项目都作为独一无二的生命有机体来对待,因地制宜、因时制宜、实事求是和灵活多样地对具体建筑进行具体分析,并进行个性化创新设计。创新设计是以新思维、新发明和新描述为特征的一种概念化过程,创新是设计的灵魂,没有创新就谈不上真正的设计,创新是建筑设计充满生机与活力,且永不枯竭的动力和源泉。

为了鼓励绿色建筑创新设计,我国设立了"绿色建筑创新奖",在《全国绿色建筑创新奖实施细则》中规范申报绿色建筑创新奖的项目应在设计、技术和施工及运营管理等方面具有突出的创新性。主要包括以下几个方面:①绿色建筑的技术选择和采取的措施具有创新性,有利于解决绿色建筑发展中的热点、难点和关键问题;②绿色建筑不同技术之间有很好的协调和衔接,综合效果和总体技术水平、技术经济指标达到领先水平;③对推动绿色建筑技术进步,引导绿色建筑健康发展具有较强的示范作用和推广应用价值;④建筑艺术与节能、节水、通风设计、生态环境等绿色建筑技术能很好地结合,具有良好的建筑艺术形式,能够推动绿色建筑在艺术形式上的创新发展;⑤具有较好的经济效益、社会效益和环境效益。

二、绿色建筑的科学规划体系

绿色建筑也称生态建筑、生态化建筑或可持续的建筑。其内容不仅包括建筑本体,也包括建筑内部,特别是包括建筑外部环境生态功能系统及建构社区安全、健康稳定的生态服务与维护功能系统。绿色建筑的体系构成涉及建筑全寿命周期的技术体系集成。绿色建筑有自身的目标、目的和价值标准,以及实践绿色建筑的方式、方法与标准。同时对绿色建筑科学体系的实践与探索是通过多专业、跨学科专家团队交叉合作,以严谨创新的示范与实验工程,不断探索和验证的。

(一)科学规划与绿色建筑的关系

科学规划与绿色建筑之间的关系如下。

(1)绿色建筑是现代生态城市、节约型城市、循环经济城市建设的重要影响和存在条件,它影响城市生态系统的安全与功能、组织、结构的稳定,对提高城市生态服务能力的转化效率和生态人居系统健康质量起到重要作用。城市生态系统的高效存在与服务功能的稳定性是发展绿色建筑的核心基础,也是绿色建筑设计与建造技术应用的前提条件。因此,绿色建筑与生态规划之间联系密切,互为依存。

(2)绿色建筑的发展需要生态规划作为科学的核心指导原则与保障的前提依据。在城市中绿色建筑不是人类对抗自然力而建造的人居孤岛,绿色建筑是人类寻求与自然亲密和谐、共存共生的乐园。绿色建筑离开生态规划,既失去了自身的环境依据,也失去了参照的系统依据。

(3)绿色建筑是生态规划在城市中实施的重要载体。绿色建筑的存在与发展不仅需要绿色建筑技术为条件,绿色环保新材料为方法,还需要应用生态规划作为指导各项规划编制、政策法规完善、编制绿色建筑标准的核心依据,这才能够使绿色建筑推广有保障。

(4)科学规划为绿色建筑提供集约化、高效的良好生态环境,包括最佳的风环境、空气质量、日照条件、雨水收集与利用系统、绿地景观与功能系统等;绿色建筑能够参与城市生态安全格局间的维护系统、防护系统,参与城市系统与自然系统之间的交换,实现其呼吸功能;保障绿色建筑受自然系统有效的服务,是绿色建筑健全与完善的前提。因此,生态规划的存在与发展必然是绿色建筑迎来发展机遇的前提条件,生态规划是保障规范与发展绿色建筑的根本。

绿色建筑规划涉及的阶段包括城市规划阶段和场地规划阶段。在城市规划阶段的生态规划为绿色建筑的选址、规模、容量提供依据,并随着城市规划的总体规划、详细规划及城市设计不断深入,具体落实到绿色建筑的场地。绿色建筑的场地规划是在城市规划的指标控制下进行生态设计,是单栋绿色建筑的设计前提。

(二)科学的生态规划是绿色建筑的前提

生态规划是规划学科序列的专业类型。称它为科学规划,是因为它涉及对自然的科学判断、对人类行为活动能力的综合作用评价以及人类对自身生存环境的保障与保护自然生态系统安全、稳定的行为作用。它是为提高人类科学管理、规范、控制能力而开展的科学研究与实践应用相结合的跨专业、多学科交叉探索。

生态规划学科理论是建立在建筑学、城市规划理论与方法之上，通过生态学理论和原则为基础条件，并运用规划理论的技术方法，将生态学应用于城市范围和规划学科领域。生态规划是在保障人类社会与自然和谐共生、可持续发展的前提下，确定自然资源存在与人类行为存在关系符合生态系统要求的客观标准的规划。

生态城市规划的主要任务是系统地确定城市性质、规模和空间组织形态，统筹安排城市各项建设用地，科学地配置与高效分配城市所需的资源总量，通过各项基础设施的建设达到高效的城市运行和降低城市运行费用的目标。解决好城市的安全健康，保障符合宜居城市要求的生态系统关系以及生态系统格局的稳定与完整存在，处理好远期发展与近期建设的关系，支持政府科学的政策制定和宏观的调控管理，指导城市合理发展，实现城市的和谐、高效、持续发展。生态规划在现有的城市规划编制体系中落实，最终控制绿色建筑的实施。

（1）从总体规划阶段，主要体现在如何保障城市生态安全体系构建。需要将保障城市生态安全的内容落实到土地利用的生态等级控制、生态安全基础上的建设容量与空间分布，并基于水资源、植物生物量及土地使用规模的人口规模控制，对生态规划的生态承载指数控制下的资源使用与土地使用容量进行动态管理、评估与释放。针对性地在规划中明确要求建立生态保护、生态城市、宜居城市及城乡一体化统筹发展的具体要求。这是在中国规划编制技术体系中，首次将规划目标与落实规划的具体方法紧密结合的规划编制技术体系的创新。同时在该阶段可以确定性质、容量规模，指导绿色建筑的选址，并针对绿色建筑的具体细节内容制定从生态城市到绿色建筑的标准。

（2）在控制性详细规划编制中，依据生态规划编制成果、指标进行深化编制，实现技术合作的纵向深入。在镇域体系与新城发展的控制规划中，对局部资源分配与管理使用进行具体控制与落实。这主要是利用整合、调节与配置的技术手段，实现保护与发展的最大、最佳及高效的选择与集成，并在此基础上建立明确的节地、节水、节能、节材、产业结构和生态系统完整性的法定管理与科学调控。

（3）从修建性详细规划到城市设计的编制中，主要是实现规划编制成果的要求在行为与功能组织上的落实，其中包括：在大型生态安全框架中斑块、廊道体系的内部结构与内涵的组织与应用，要求建立中型和微型斑块、廊道体系；适宜生长的植物群落、种群特点、景观功能的指导，尤其是生态设施的组织与建设；在人居系统规划设计中强调人的行为控制、人为结果的规范以及空间结构中人与自然交错存在的布局尺度、功能组织与分布效率关系。在此基础上，研究并提出了城市设计的生态模式，进行设计要求与规范。该阶段明确生态技术的系统要求，对节地、节水、节能、节材的技术进行集成。如提出推广屋顶绿化技术的应用要求、节能技术的要求和节水技术的要求等。

三、绿色建筑科学规划体系的构成

（一）绿色建筑的体系构成

绿色建筑的体系构成是基于绿色建筑的科学体系中各个专业之间缺少关联性和理论关系的完整性、统一性而提出的要求。国内外绿色建筑工程实践经验告诉我们，割裂而孤立的各个专业不足以适应涉及多专业多学科、符合自然规律的生态系统要求。所以，绿色建筑科学体系的存在意义更加明显、更加突出。

绿色建筑的主要特征是通过科学的整体设计，集成绿色的配置，做到自然通风、自然采光、低能低维护结构、新能源利用、绿色建材和智能控制等一些高新技术，在选址规划的时候要做到合理、资源能够高效循环利用、节能措施做到综合有效、建筑环境健康安全、废物废气的排放减量，而且将危害降低到最小。从以上可以看出，绿色建筑体系是多专业、跨学科、保证自然系统安全和人类社会可持续发展的交叉学科体系。它不仅包括建筑本体，特别是建筑外部环境生态功能系统及建构社区安全、健康的稳定生态服务与维护功能系统，也包括绿色建筑的内部。

绿色建筑的体系关系以绿色建筑科学为方法，作用于人居生态建设，达到对自然生态系统保护、修复及恢复的目的，最终提高人的生存环境、生存条件及生存质量，依靠科学技术的应用与创新，找到人和建筑与自然关系和谐的科学途径。

1.绿色建筑的构成体系关系

说明绿色建筑在自然、人居系统中的存在的位置。它与人的生存活动和生态景观共同存在于城市生态系统及城镇生态系统中,并共同构成人居生态系统。

2.科学体系关系

通过与人、生态景观的和谐共生,优化城市及城镇生态体系服务功能,提高城市综合运行效率,实现人居系统可持续科学发展能力,构成绿色建筑的科学系统。

3.学科支撑体系关系

生态规划客观指导下的科学规划成为构建绿色建筑的科学体系的前提条件和基础保障。

(二)绿色建筑的学科构成

绿色建筑学科体系建立的核心是科学的发展必须符合自然自身的规律,而这个规律是不以人的意志为转移的。人类的智慧和科学研究已经涉及自然自身规律所应有的多学科的存在,我们不能以某一个或某几个学科的理论体系完成自然系统自身规律和人类发展规律的解读。它的理论体系最核心的东西是如何利用交叉学科、多学科的研究,把各个单一专业学科的理论体系中相关性的依据结合成一个复合型的交叉学科体系。

绿色建筑的学科构成从宏观上分为三个层面,即绿色建筑在城市生态系统层面的学科构成、绿色建筑自身系统学科构成、绿色建筑与人之间的关系的构成,最终以客观的科学方法解决建筑与系统、人与建筑之间的和谐、优化、高效、可持续的共生关系,使客观的自然存在于人类主观意志和愿望达成动态的平衡统一。

(1)绿色建筑在城市生态系统层面的学科构成涉及三大类基础学科,其中包括生态学、建筑学和规划学,同时它还涉及从自然科学到人文科学及技术科学的众多学科,是这些学科的理论及方法以规划为载体的实践与应用。涉及的自然科学的学科包括地质、水文、气候、植物、动物、微生物、土壤、材料等。涉及的人文科学的学科包括经济、社会、历史、交通等。

(2)绿色建筑自身系统学科构成除建筑学科常规的内容外,还包括与建筑自身功能相关的学科,如建筑的热工、光环境、风环境、声环境等,还涉及能源、材料等各类技术。

(3)绿色建筑与人之间的关系的构成。建筑是人类生活的全部载体,人类的信仰、情感和美感以及经济、政治等各门学科都会反映到绿色建筑上。

(三)建构绿色建筑的技术系统

对绿色建筑技术体系的具体研究与实践是推广应用的根本,需长期从事绿色建筑的实践,并不断进行系统的基础理论研究与设计实践,通过多专业、跨学科专家团队交叉合作,以严谨创新的示范与实验工程,不断探索和验证应用绿色建筑科学体系的完善途径。

就绿色建筑研究与实践而言,通过生态景观、科学规划的研究与实践,结合绿色建筑功能、技术与材料的系统集成,绿色建筑适宜应用技术、新材料、循环材料、再生材料的研究与开发应用,以及建筑室内生态设计等,探索一条共同构成绿色建筑综合生态设计应用、推广的科学技术体系。构建绿色建筑的技术系统主要涉及以下内容:①绿色建筑对城市与村镇系统生态功能扰动、破损与阻断的控制、管理与修复;②绿色建筑全寿命周期的组织、控制、使用与服务的系统管理;③建筑设计与建造对能源、资源、风环境、光环境、水环境、生态景观、文化主张的系统组织;④实现绿色建筑节约与效率要求的新材料、新技术的选择与应用;⑤建筑内部空间、功能使用与环境品质的控制。

第四节 绿色建筑设计要素

一、安全可靠性与耐久适用性

(一)绿色建筑安全可靠性的设计

安全性和可靠性是绿色建筑最基本的特征,其实质是以人为本,对人的安全和健康负责。安全性是指建筑工程建成后在使用过程中保证结构安全、保证人身和环境免受危害的程度;可靠性是指建筑工程在规定的时间和规定的条件下完成规定功能的能力。绿色建筑安全可靠性的设计主要包括确保选址安全的设计措施、确保建筑安全的设计措施等要素。

1.确保选址安全的设计措施

设计绿色建筑时,要在符合国家相关安全规定的基础上,对绿色建筑的选址和危险源的避让提出要求。首先,绿色建筑必须考虑基地现状,最好仔细查看其历史上相当长一段时间的情况,有无发生过地质灾害;其次,经过实地勘测地质条件,准确评价适合的建筑高度。

2.确保建筑安全的设计措施

(1)建筑设计必须与结构设计相结合

绿色建筑的建筑设计与结构设计是整个建筑设计过程中两个最重要的环节,对整个建筑物的外观效果、结构稳定等起着至关重要的作用。但是,在实际设计中,少数建筑设计师把结构设计摆在从属地位,并要求结构必须服从建筑,以建筑为主。虽然许多建筑设计师强调创作的美观、新颖、标新立异,强调创作的最大自由度,但是有些创新的建筑方案在结构上很不合理,甚至根本无法实现,这无疑给建筑结构的安全带来了隐患。

(2)合理确定绿色建筑的设计安全度

结构设计安全度的高低是国家经济和资源状况、社会财富积累程度以及设计施工技术水平与材料质量水准的综合反映。具体来说,选择绿色建筑设计安全度要处理好与工程直接造价、维修费用以及投资风险(包括生命及财产损失)之间的关系。显然,提高绿色建筑的设计安全度,绿色建筑的直接造价将有所提高,维修费用将减少,投资风险也将减少。如果降低绿色建筑的造价,则维修费用和投资风险都将提高。因此,确定绿色建筑的设计安全度就是在结构造价(包括维修费用在内)与结构风险之间权衡得失,寻求较优的选择。

总的来说,绿色建筑设计安全度的选择,不仅涉及生命财产的损失,而且有时会产生严重的社会影响,对于某些结构来说,还会涉及国家的经济基础和技术经济政策。

(3)绿色建筑消防设施的设计

①消防给水和消防设施的设置应根据建筑的用途及其重要性、火灾危险性、火灾特性和环境条件等因素综合确定。

②城镇(包括居住区、商业区、开发区、工业区等)应沿可通行消防车的街道设置市政消火栓系统。民用建筑、厂房、仓库、储罐(区)和堆场周围应设置室外消火栓系统。用于消防救援和消防车停靠的屋面上,应设置室外消火栓系统。需要注意的是,耐火等级不低于二级且建筑体积不大于 3000m³ 的戊类厂房,居住区人数不超过 500 人且建筑层数不超过两层的居住区,可不设置室外消火栓系统。

③自动喷水灭火系统、水喷雾灭火系统、泡沫灭火系统和固定消防炮灭火系统等系统,以及超过 5 层的公共建筑、超过 4 层的厂房或仓库、其他高层建筑、超过 2 层或建筑面积大于 10000 m² 的地下建筑(室)的室内消火栓给水系统都应设置消防水泵接合器。

④甲、乙、丙类液体储罐(区)内的储罐应设置移动水枪或固定水冷却设施。高度大于 15 m 或单罐容积大于 2000 m³ 的甲、乙、丙类液体地上储罐,宜采用固定水冷却设施。

⑤总容积大于 50 m³ 或单罐容积大于 20 m³ 的液化石油气储罐(区)应设置固定水冷却设施,埋地的液化石油气储罐可不设置固定喷水冷却装置。总容积不大于 50 m³ 或单罐容积不大于 20 m³ 的液化石油气储罐(区),应设置移动式水枪。

⑥消防水泵房的设置应符合以下规定:单独建造的消防水泵房,其耐火等级不应低于二级;附设在建筑内的消防水泵房,不应设置在地下三层及以下或室内地面与室外出入口地坪高差大于 10 m 的地下楼层;疏散门应直通室外或安全出口。

⑦设置火灾自动报警系统和需要联动控制的消防设备的建筑(群)应设置消防控制室。消防控制室的设置应符合以下规定:单独建造的消防控制室,其耐火等级不应低于二级;附设在建筑内的消防控制室,宜设置在建筑内首层或地下一层,并宜布置在靠外墙部位;不应设置在电磁场干

扰较强及其他可能影响消防控制设备正常工作的房间附近;疏散门应直通室外或安全出口;消防控制室内的设备构成及其对建筑消防设施的控制与显示功能以及向远程监控系统传输相关信息的功能。

⑧消防水泵房和消防控制室应采取防水淹的技术措施。

⑨设置在建筑内的防排烟风机应设置在不同的专用机房内。

⑩高层住宅建筑的公共部位和公共建筑内应设置灭火器,其他住宅建筑的公共部位不宜设置灭火器。厂房、仓库、储罐(区)和堆场,应设置灭火器。

⑪建筑外墙设置有玻璃幕墙或采用火灾时可能脱落的墙体装饰材料或构造时,供灭火救援用的水泵接合器、室外消火栓等室外消防设施,应设置在距离建筑外墙相对安全的位置或采取安全防护措施。

⑫设置在建筑室内外供人员操作或使用的消防设施,均应设置区别于环境的明显标志。

(二)绿色建筑耐久适用性的设计

1. 建筑材料的可循环使用设计

现代建筑是能源及材料消耗的重要组成部分,随着地球环境的日益恶化和资源日益减少,保持建筑材料的可持续发展,提高建筑资源的综合利用率已成为社会普遍关注的课题。环境质量的急剧恶化和不可再生资源的迅速减少,对人类的生存与发展构成了严重的威胁,可持续发展的思想和材料资源循环利用在这样的大背景下应运而生。近年来我国城市建设繁荣的背后暗藏着巨大的浪费,同时存在着材料资源短缺、循环利用率低的问题,因此,加强建筑材料的循环利用成为当务之急。特别是对传统的、量大面广的建筑材料,应强调进行生态环境的替代和改造,如加强二次资源综合利用、提高材料的循环利用率等,必要时可以禁止采用瓷砖对大型建筑物进行外表面装修。

2. 充分利用尚可使用的旧建筑

充分利用尚可使用的旧建筑,有利于物尽其用、节约资源。尚可使用的旧建筑是指建筑质量能保证使用安全的旧建筑,或通过少量改造加固后能保证使用安全的旧建筑。对于旧建筑的利用,可以根据规划要求保留或改变其原有使用性质,并纳入规划建设项目。实践证明,充分利用尚可使用的旧建筑,不仅是节约建筑用地的重要措施之一,还是防止大拆乱建的条件。

3.绿色建筑的适应性设计

绿色建筑在设计之初、使用过程中要适应人们陆续提出的使用需求。具体而言,保证绿色建筑的适应性,要做到以下两个方面:一是保证建筑的使用功能并不与建筑形式形成不可拆分的联系,不会因为丧失建筑原功能而使建筑被废弃;二是不断运用新技术、新能源改造建筑,使之能不断地满足人们生活的新需求。

二、节约环保性与自然和谐性

(一)绿色建筑节约环保性的设计

1.建筑用地节约设计

土地是关系国计民生的重要战略资源,耕地是广大农民赖以生存的基础。我国虽然土地资源总量丰富,但人均土地资源较少,随着经济的发展和人口的增加,人均土地资源缺少的形势将越来越严峻。城市住宅建设不可避免地会占用大量土地,使得土地问题成为城市发展的制约因素。如何在城市建设设计中贯彻节约用地理念,采取什么样的措施来实现节约用地,是摆在每个城市建设设计者面前的关键性问题。然而,这一问题在实际设计中经常被忽略或重视程度不够。

要想坚持城市建设的可持续发展,就必须加强对城市建设项目用地的科学管理,在项目的前期工作中采取各种有效措施对城市建设用地进行合理控制,这样不仅有利于城市建设的全面发展,加快城市化建设步伐,而且具有实现全社会全面、协调、可持续发展的深远意义。

2.建筑节能设计

首先,就减少建筑本身能量的散失而言,绿色建筑首先要采用高效、经济的保温材料和先进的构造技术,以有效提高建筑围护结构的整体保温、密闭性能；其次，为了保证良好的室内卫生条件，绿色建筑既要有较好的通风，又要设计配备能量回收系统。

(1)外窗节能设计

绿色建筑可以将窗户设计为一种散热构件，利用太阳能改善室内热舒适，从而达到节能的效果。这样一来，具有外窗节能设计的绿色建筑在冬季就可以通过采光将太阳发出的大量光能引入室内，不仅能使室内具有充足的光线，还能提高室内的温度，为用户提供舒适、健康的室内环境，提高用户的生活质量。

(2)遮阳系统设计

遮阳从古至今一直是建筑物的重要组成部分，特别是在 21 世纪，玻璃幕墙成为主流建筑的亮丽外衣。由于玻璃表面换热性强，热透射率高，对室内热条件有极大的影响，遮阳特别是外遮阳所起到的节能作用显得越来越突出。建筑遮阳与建筑所在地理位置的气候和日照状况密不可分，日照变化和日温差变化的存在，使建筑室内在午间需要遮阳，而早晚需要接受阳光照射。

在所有的被动式节能措施中，建筑遮阳也许是最为立竿见影的方法。传统的建筑遮阳构造一般都安装在侧窗、屋顶天窗、中庭玻璃顶，类型有平板式遮阳板、布幔、格栅、绿化植被等。随着建筑的发展以及幕墙产品的更新换代，外遮阳系统也在功能和外观上不断地创新，从形式上可以分为水平式遮阳、垂直式遮阳、综合式遮阳和挡板式遮阳四类。

(3)外围护墙设计

建筑外围护墙是绿色建筑的重要组成部分之一，它不仅对建筑有支撑和围护的作用，还发挥着隔绝外界冷热空气、保证室内气温稳定的作用。因此，建筑外围护墙体对于建筑的节能发挥着重要的作用。绿色建筑越来越多地深入社会生活的各个方面，从建筑设计本身考虑，建筑形态，建筑方位，空间的设计，建筑外表面材料的种类、材料构造、材料色彩等，是目前绿色建筑设计研究的主要内容。其中，建筑外围护结构保温和隔热设计是节能设计的重点，也是节能设计中最有效的、最适合我国普遍采用的方法。

（4）节能新风系统

在绿色建筑中，外窗具有良好的呼吸与隔热作用，外围护结构具有良好的密封性和保温性，因此人为设计室内新风和污浊空气的走向成为衡量建筑舒适性必须考虑的问题。目前，比较流行的下送上排式的节能新风系统能较好地解决这个问题。新风系统是根据在密闭的室内一侧用专用设备向室内送新风，再从另一侧由专用设备向室外排出，在室内会形成"新风流动场"的原理，从而满足室内新风换气的需要。

新风系统由风机、进风口、排风口及各种管道和接头组成。安装在吊顶内的风机通过管道与一系列的排风口相连。风机启动后，室内形成负压，室内受污染的空气经排风口及风机排往室外，同时室外新鲜空气经安装在窗框上方（窗框与墙体之间）的进风口进入室内，从而使室内人员可呼吸到高品质的新鲜空气。

3.建筑用水节约设计

雨水利用是城市水资源利用中重要的节水措施，具有保护城市生态环境和增进社会经济效益等多方面的意义。绿色建筑应充分利用生活用水，如净水器产生的废水可以经由管路到洗手间，要么用来拖地，要么用来冲厕所。

4.建筑材料节约设计

有关资料显示，每年我国生产的多种建筑材料不仅要消耗大量能源和资源，还要排放大量二氧化硫和二氧化碳等有害气体和各类粉尘。目前，在我国多数城市建设中，建筑垃圾处理问题、资源循环利用问题、资源短缺问题、大拆大建问题等非常严重，建筑使用寿命低的问题也十分突出。对此，比较成功的节约建材的经验是合理采用地方性建筑材料、应用新型可循环建筑材料、实现废弃材料的资源化利用等。

（二）绿色建筑自然和谐性的设计

近年来，绿色建筑由于节能减排、可持续发展、与自然和谐共生的卓越特性，得到了各国政府的大力推广，为世界贡献了一座座经典的建筑作品,其中很多都已成为著名的旅游景点,向世人展示了绿色建筑的魅力。

随着社会的发展,人与自然从统一走向对立,由此造成了生态危机。因此,要想实现人与自然的和谐发展,必须正视自然的价值,理解自然,改变人们的发展观,逐步完善有利于人与自然和谐发展的生态制度,构建美好的生态文化。此外,人类为了永续自身的可持续发展,就必须使其各种活动,包括建筑活动及其产物与自然和谐共生。

三、低耗高效性与文明性

(一)绿色建筑低耗高效性的设计

1.确定绿色建筑的合理建筑朝向

在确定建筑朝向时,应当考虑以下几个因素:一要有利于日照、天然采光、自然通风;二要避免环境噪声、视线干扰;三要与周围环境相协调,有利于取得较好的景观朝向。

2.设计有利于节能的建筑平面和体型

建筑设计的节能意义包括在设计建筑方案时遵循建筑节能思想,使建筑方案中蕴含节能的意识和概念。其中建筑体形和平面形状特征设计的节能效应是重要的控制对象,是绿色建筑节能的有效途径。

3.重视建筑用能系统和设备优化选择

为使绿色建筑达到低耗高效的要求,必须对所有用能系统和设备进行节能设计和选择,这是绿色建筑实现节能的关键和基础。例如,对于集中采暖或使用空调系统的住宅,冷、热水(风)要靠水泵和风机才能输送到用户。如果水泵和风机选型不当,不仅不能满足供暖的功能要求,还会消耗大量的能源用于采暖。

4.重视建筑日照调节和建筑照明节能

随着人类对能源可持续使用理念的日趋重视,如何使用尽可能少的能源获得最佳的使用效果已成为各个能源使用领域越来越关注的问题。照明是人类使用能源最多的领域之一,如何在这一领域实现使用最少的能源而获得最佳的照明效果无疑是一个具有重要理论意义和应用价值的课题。于是,绿色照明的概念在此基础上被人们提出来,并成为照明设计领域十分重要的研究课题。

现行的照明设计主要考虑被照面上照度、眩光、均匀度、阴影、稳定性和闪烁等照明技术问题。而健康照明设计不仅要考虑这些问题,还要处理好紫外辐射、光谱组成、光色、色温等对人的生理和心理的作用。为了实现健康照明,绿色建筑设计师除了要研究健康照明设计方法和尽可能做到技术与艺术的统一以外,还要研究健康照明的概念、原理,并且充分利用现代科学技术的新成果,不断研究高品质新光源,开发采光和照明新材料、新系统,充分利用天然光,实现资源利用的低耗高效。

5. 物业公司采取严格的管理运营措施

在绿色建筑日常的运行过程中,要想实现建筑资源利用低耗高效的目标,必须采取严格的管理措施,这是绿色建筑资源利用低耗高效的制度保障。物业管理公司是专门从事地上永久性建筑物、附属设备、各项设施及相关场地和周围环境的专业化管理的,为业主和非业主使用人提供良好的生活或工作环境的,具有独立法人资格的经济实体。物业管理公司在实现绿色建筑资源利用低耗高效性方面,应根据所管理范围的实际情况,提交节能、节水、节地、节材与绿化管理制度,并说明实施效果。在一般情况下,资源利用低耗高效的管理制度主要包括:业主和物业共同制定节能管理模式;分户、分类地进行计量与收费;建立物业内部的节能管理机制;采用节能指标达到设计要求的措施等。

(二)绿色建筑文明性的设计

1. 保护生态环境

保护生态环境是人类有意识地保护自然生态资源并使其得到合理利用,防止自然生态环境受到污染和破坏;同时,对受到污染和破坏的生态环境做好综合治理,以创造出适合人类生活、工作的生态环境。生态环境保护是指人类为解决现实的或潜在的生态环境问题,协调人类与生态环境的关系,保障经济社会的持续发展而采取的各种行动的总称。

改革开放以来,党和政府越来越重视生态环境的保护,并采取一系列措施进行保护和改善,使一些地区的生态环境明显好转。主要表现在:实施了植树造林、防治荒漠化、水土保持、国土整治、草原建设、天然林资源保护等一系列保护措施;逐步完善了环境保护的法治建设,并取得了一定的成绩。总之,保护生态环境已经成为中国社会发展的新理念,成为中国特色社会主义现代化建设进程中的关键影响因素。

2.利用绿色能源

绿色能源也称为清洁能源,是环境保护和良好生态系统的象征和代名词,它具有狭义和广义两方面的含义。狭义的绿色能源是指可再生能源,如水能、生物能、太阳能、风能、地热能、海洋能等,这些能源消耗之后可以恢复补充,很少产生污染。广义的绿色能源是指在能源的生产及其消费过程中,对生态环境低污染或无污染的所有能源,既包括可再生能源,如太阳能、风能、水能、生物质能、海洋能等,又包括应用科技变废为宝的能源,如秸秆、垃圾等新型能源,还包括绿色植物提供的燃料,如天然气、清洁煤和核能等。

这里以地源热泵为例介绍绿色建筑中应用的绿色能源。地源热泵是利用地球表面浅层水源(如地下水、河流和湖泊)和土壤源中吸收的太阳能和地热能,并采用热泵原理,由水源热泵机组、地能采集系统、室内系统和控制系统组成的,既可供热又可制冷的高效节能空调系统。如今,在绿色建筑中应用的绿色能源地源热泵,大多可以成功利用地下水、江河湖水、水库水、海水、城市中水、工业尾水、坑道水等各类水资源以及土壤源作为地源热泵的冷、热源。

第四章　不同建筑类型的绿色建筑设计

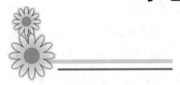

第一节　绿色居住建筑设计

一、居住建筑的绿色节能设计

(一)绿色住宅的概念、特征及标准

1. 绿色住宅的概念

绿色住宅强调以人为本以及人与自然的和谐,实现持续高效地利用一切资源,追求最小的生态冲突和最佳的资源利用,满足节地、节水、节能、改善生态环境、减少环境污染、延长建筑寿命等目标,形成社会、经济、自然三者的可持续发展。

2. 绿色住宅的特征

绿色住宅除须具备传统住宅遮风避雨、通风采光等基本功能外,还要具备协调环境,保护生态的特殊功能,在规划设计、营建方式、选材用料方面按区别于传统住宅的特定要求进行设计。因此,绿色住宅的建造应遵循生态学原理,体现可持续发展的原则。

3. 绿色住宅的标准

根据住建部住宅产业化促进中心制定的有关绿色生态住宅小区的技

术导则,衡量绿色住宅的质量一般有以下几条标准:①在生理生态方面有广泛的开敞性;②采用的是无害、无污、可以自然降解的环保型建筑材料;③按生态经济开放式闭合循环的原理作无废无污的生态工程设计;④有合理的立体绿化,能有利于保护,稳定周边地域的生态;⑤利用了清洁能源,降低住宅运转的能耗,提高自养水平;⑥富有生态文化及艺术内涵。

(二)居住建筑的用地规划与节地设计

1.居住建筑用地规划应考虑的因素

居住区设计过程应综合考虑用地条件、套型、朝向、间距、绿地、层数与密度、布置方式、群体组合和空间环境等因素,来集约化使用土地,突出均好性、多样性和协调性。

(1)用地选择和密度控制

居住建筑用地应选择无地质灾害、无洪水淹没的安全地段;尽可能利用废地(荒地、坡地、不适宜耕种土地等),减少耕地占用;周边的空气、土壤、水体等,确保卫生安全。居住建筑用地应对人口毛密度、建筑面积毛密度(容积率)、绿地率等进行合理地控制,达到合理的设计标准。

(2)群体组合、空间布局和环境景观设计

第一,居住区的规划与设计,应综合考虑路网结构、群体组合、公建与住宅布局、绿地系统及空间环境等的内在联系,构成一个既完善又相对独立的有机整体。

第二,合理组织人流、车流,小区内的供电、给排水、燃气、供热、电讯、路灯等管线,宜结合小区道路构架进行地下埋设。配建公共服务设施及与居住人口规模相对应的公共服务活动中心,方便经营、使用和社会化服务。

第三,绿化景观设计注重景观和空间的完整性,应做到集中与分散结合、观赏与实用结合,环境设计应为邻里交往创造不同层次的交往空间。

(3)日照间距与朝向选择

①日照间距与方位选择原则

第一,居住建筑间距应综合考虑地形、采光、通风、消防、防震、管线埋设、避免视线干扰等因素,以满足日照要求。

第二,日照一般应通过与其正面相邻建筑的间距控制予以保证,并不应影响周边相邻地块,特别是未开发地块的合法权益(主要包括建筑高度、容积率、建筑物退让等)。

②居住建筑日照标准要求

各地的居住建筑日照标准应按国家及当地的有关规范、标准等要求执行,一般应满足。

第一,当居住建筑为非正南北朝向时,住宅正面间距,应按地方城市规划行政主管部门确定的日照标准不同方位的间距折减系数换算。

第二,应充分利用地形地貌的变化所产生的场地高差、条式与点式住宅建筑的形体组合,以及住宅建筑高度的高低搭配等,合理进行住宅布置,有效控制居住建筑间距,提高土地使用效率。

③住宅小区最大日照设计方式

第一,选择楼栋的最佳朝向。如南京地区为南偏西 5°至南偏东 30°。

第二,保证每户的南向面宽。

第三,用动态方法确定最优的日照条件。

(4)地下与半地下空间利用

第一,地下或半地下空间的利用,与地面建筑、人防工程、地下交通、管网及其他地下构筑物应统筹规划、合理安排;

第二,同一街区内,公共建筑的地下或半地下空间应按规划进行互通设计;

第三,充分利用地下或半地下空间,做地下或半地下机动停车库(或用作设备用房等),地下或半地下机动停车位达到整个小区停车位的80%以上。

应注意以下几点:

第一,配建的自行车库,宜采用地下或半地下形式;

第二,部分公建(服务、健身娱乐、环卫等),宜利用地下或半地下空间;

第三,地下空间结合具体的停车数量要求、设备用房特点、机械式停车库、工程地质条件以及成本控制等因素,考虑设置单层或多层地下室。

(5)公共服务配套设施控制

第一,城市新建居住区应按国家和地方城市规划行政主管部门的规定,同步安排教育、医疗卫生、文化体育、商业服务、金融邮电、社区服务、市政公用和行政管理等公共服务设施用地,为居民提供必要的公共活动空间。

第二,居住区公共服务设施的配建水平,必须与居住人口规模相对应,并与住宅同步规划、同步建设、同时投入使用。

第三,社区中心宜采用综合体的形式集中布置,形成中心用地。

(6)竖向控制

小区规划要结合地形地貌合理设计,尽可能保留基地形态和原有植被,减少土方工程量。地处山坡或高差较大基地的住宅,可采用垂直等高线等形式合理布局住宅,有效减少住宅日照间距,提高土地使用效率。小区内对外联系道路的高程应与城市道路标高相衔接。

2.居住建筑的节地设计

(1)居住建筑应适应本地区气候条件

第一,居住建筑应具有地方特色和个性、识别性,造型简洁,尺度适宜,色彩明快。

第二,住宅建筑应积极有效利用太阳能,配置太阳能热水器设施时,宜采用集中式热水器配置系统。太阳能集热板与屋面坡度应在建筑设计中一体化考虑,以有效降低占地面积。

(2)住宅单体设计力求规整、经济

第一,住宅电梯井道、设备管井、楼梯间等要选择合理尺寸,紧凑布置,不宜突出住宅主体外墙过大。

第二,住宅设计应选择合理的住宅单元面宽和进深,户均面宽值不宜大于户均面积值的 1/10。

(3)套型功能合理,功能空间紧凑

第一,套型功能的增量,除适宜的面积外,尚应包括功能空间的细化和设备的配置质量,与日益提高的生活质量和现代生活方式相适应。

第二,住宅套型平面应根据建筑的使用性质、功能、工艺要求合理布局;套内功能分区要符合公私分离、动静分离、洁污分离的要求;功能空间关系紧凑,便能得到充分利用。

(三)绿色居住建筑的节能与能源利用体系

1.建筑构造节能系统

(1)墙体节能设计

①体形系数控制

建筑物、外围护结构、临空面的面积大会造成热能损失,故体形系数不应超过规范的规定值。减小建筑物体形系数的措施有:

第一,使建筑平面布局紧凑,减少外墙凸凹变化,即减少外墙面的长度

第二,加大建筑物的进深

第三,增加建筑物的层数

第四,加大建筑物的体量

②窗墙比控制

要充分利用自然采光,同时要控制窗墙比。居住建筑的窗墙比应以基本满足室内采光要求为确定原则。建筑窗墙比不宜超过规范的规定值。

③外墙保温

保温隔热材料轻质、高强,具有保温、隔热、隔声、防水性能,外墙采用保温隔热材料,能够增强外围护结构抗气候变化的综合物理性能。

(2)门窗节能设计

①外门窗及玻璃选择

外门窗应选择优质的铝木复合窗、塑钢门窗、断桥式铝合金门窗及其他材料的保温门窗;外门窗玻璃应选择中空玻璃、隔热玻璃或Low-E玻璃等高效节能玻璃,其传热系数和遮阳系数应达到规定标准。

②门窗开启扇及门窗配套密封材料

在条件允许时尽量选用上、下悬或平开,尽量避免选用推拉式开启;

门窗配套密封材料应选择抗老化、高性能的门窗配套密封材料,以提高门窗的水密性和气密性。

(3)屋面节能设计

第一,屋面保温和隔热。屋面保温可采用板材、块材或整体现喷聚氨酯保温层;屋面隔热可采用架空、蓄水、种植等隔热层。

第二,种植屋面。应根据地域、建筑环境等条件,选择适应的屋面构造形式。推广屋面绿色生态种植技术,在美化屋面的同时,利用植物遮蔽减少阳光对屋面的直晒。

(4)楼地面节能技术

楼地面的节能技术,可根据楼板的位置不同采用不同的节能技术:

第一,层间楼板(底面不接触室外空气)。可采取保温层直接设置在楼板上表面或楼板底面,也可采取铺设木龙骨(空铺)或无木龙骨的实铺木地板。

第二,架空或外挑楼板(底面接触室外空气)。宜采用外保温系统,接触土壤的房屋地面,也要做保温。

第三,底层地面。也应做保温。

(5)管道技术

①水管的敷设

第一,排水管道:可敷设在架空地板内;

第二,采暖管道、给水管道、生活热水管道:可敷设在架空地板内或吊顶内,也可局部墙内敷设。

②干式地暖的应用

第一,干式地暖系统。干式地暖系统区别于传统的混凝土埋入式地板采暖系统,也称为预制轻薄型地板采暖系统,是由保温基板、塑料加热管、铝箔、龙骨和二次分集水器等组成的一体化薄板,板面厚度约为 12 mm,加热管外径为 7 mm。

第二,干式地暖系统的特点。具有温度提升快、施工工期短、楼板负载小、易于日后维修和改造等优点。

第三,干式地暖系统的构造做法。主要有架空地板做法、直接铺地做法。

2.供配电节能技术

(1)照明器具节能技术

①选用高效照明器具

包括:第一,高效电光源:包括紧凑型荧光灯、细管型荧光灯、高压钠灯、金属卤化物灯等。第二,照明电器附件:电子镇流器、高效电感镇流器、高效反射灯罩等。第三,光源控制器件:包括调光装置、声控、光控、时控、感控等。延时开关通常分为触摸式、声控式和红外感应式等类型;在居住区内常用于走廊、楼道、地下室、洗手间等场所。

②照明节能的具体措施

包括:第一,降低电压节能。即降低小区路灯的供电电压,达到节能的目的,降压后的线路末端电压不应低于 198 V,且路面应维持"道路照明标准"规定的照度和均匀度。第二,降低功率节能。是在灯回路中多串一段或多段阻抗,以减小电流和功率,达到节能的目的。一般用于平均照度超过"道路照明标准"规定维持值的120%以上的期间和地段。采用变功率镇流器节能的,宜对变功率镇流器采取集中控制的方式。第三,清洁灯具节能。清洁灯具可减少灯具污垢造成的光通量衰减,提高灯具效率的维持率,延长竣工初期节能的时间,起到节能的效果。第四,双光源灯节能。是指一个灯具内安装两只灯泡,下半夜保证照度不低于下一级维持值的前提下,关熄一只灯泡,实现节能。

(2)居住区景观照明节能技术

①智能控制技术

采用光控、时控、程控等智能控制方式,对照明设施进行;分区或分组集中控制,设置平日、假日、重大节日等,以及夜间不同时段的开、关灯控制模式,在满足夜景照明效果设计要求的同时,达到节能效果。

②高效节能照明光源和灯具的应用

应优先选择通过认证的高效节能产品。鼓励使用绿色能源,如太阳能照明、风能照明等;积极推广高效照明光源产品,如金属卤化物灯、半导体发光二极管(LED)、T8/T5 荧光灯、紧凑型荧光灯(CFL)等,配合使用光效和利用系数高的灯具,达到节能的目的。

（3）地下汽车库、自行车库等照明节电技术

①光导管技术

光导管主要由采光罩、光导管和漫射器三部分组成。其通过采光罩高效采集自然光线,导入系统内重新分配,再经过特殊制作的光导管传输和强化后,由系统底部的漫射装置把自然光均匀高效地照射到任何需要光线的地方,从而得到由自然光带来的特殊照明效果,是一种绿色、健康、环保、无能耗的照明产品。

②棱镜组多次反射照明节电技术

即用一组传光棱镜,安装在车库的不同部位,并可相互接力,将集光器收集的太阳光传送到需要采光的部位。

③车库照明自动控制技术

采用红外、超声波探测器等,配合计算机自动控制系统,优化车库照明控制回路,在满足车库内基本照度的前提下,自动感知人员和车辆的行动,以满足灯开、关的数量和事先设定的照度要求,以期合理用电。

（4）绿色节能照明技术

①LED照明技术（又称:发光二极管照明技术）

它是利用固体半导体芯片作为发光材料的技术。LED光源具有全固体、冷光源、寿命长、体积小、高光效、无频闪、耗电小、响应快等优点,是新一代节能环保光源。但是,LED灯具也存在很多缺点,光通量较小、与自然光的色温有差距、价格较高;限于技术原因,大功率LED灯具的光衰很严重,半年的光衰可达50%左右。

②电磁感应灯照明技术（又称无极放电灯）

此技术无电极,依据电磁感应和气体放电的基本原理而发光。其优点有:无灯丝和电极;具有十万小时的高使用寿命,免维护;显色性指数大于80,宽色温从2700 K到6500 K,具有801 m/W的高光效,具有可靠的瞬间启动性能,同时低热量输出;适用于道路、车库等照明。

3.给排水节能系统

通过调查收集和掌握准确的市政供水水压、水量及供水可靠性的资

料,根据用水设备、用水卫生器具供水最低工作压力要求水质,合理确定直接利用市政供水的层数。

(1)小区生活给水加压技术

对市政自来水无法直接供给的用户,可采用集中变频加压、分户计量的方式供水。

小区生活给水加压系统的三种供水技术:水池+水泵变频加压系统;管网叠压+水泵变频加压;变频射流辅助加压。为避免用户直接从管网抽水造成管网压力过大波动,有些城市供水管理部门仅认可"水池+水泵变频加压"和"变频射流辅助加压"两种供水技术。通常情况下,可采用"射流辅助变频加压"供水技术。

①水池+水泵变频加压系统

当城市管网的水压不能满足用户的供水压力时,就必须用泵加压。通常,通过市政给水管,经浮球阀向贮水池注水,用水泵从贮水池抽水经变频加压后向用户供水。在此供水系统中虽然"水泵变频"可节约部分电能,但是不论城市管网水压有多大,在城市给水管网向贮水池补水的过程中,都白白浪费了城市给水管网的压能。

②变频射流辅助加压供水系统

其工作原理:当小区用水处于低谷时,市政给水通过射流装置既向水泵供水,又向水箱供水,水箱注满时进水浮球阀自动关闭,此时市政给水压力得到充分利用,且市政给水管网压力也不会产生变化;当小区用水处于高峰时,水箱中水通过射流装置与市政给水共同向水泵供水,此时市政给水压力仅利用 50%~70%,但市政给水管网压力变化很小。

(2)高层建筑给水系统分区技术

给水系统分区设计中,应合理控制各用水点处的水压,在满足卫生器具给水配件额定流量要求的条件下,尽量取低值,以达到节水节能的目的。住宅入户管水表前的供水静压力不宜大于 0.20 MPa;水压大于 0.30 MPa 的入户管,应设可调式减压阀。

①减压阀的选型

第一,给水竖向分区,可采用比例式减压阀或可调式减压阀。

第二,入户管或配水支管减压时,宜采用可调式减压阀。

第三,比例式减压阀的减压比宜小于 4;可调式减压阀的阀前后压差不应大于 0.4 MPa,要求安静的场所不应大于 0.3 MPa。

②减压阀的设置

第一,给水分区用减压阀应两组并联设置,不设旁通管;减压阀前应设控制阀、过滤器、压力表,阀后应设压力表、控制阀。

第二,入户管上的分户支管减压阀,宜设在控制阀门之后、水表之前,阀后宜设压力表。

第三,减压阀的设置部位应便于维修。

4.暖通空调节能系统

(1)室内热环境和建筑节能设计指标

第一,冬季采暖室内热环境设计指标,应符合下列要求:卧室、起居室室内设计温度取 16℃～18℃;换气次数取 1.0 次/h;人员经常活动范围内的风速不大于 0.4 m/s。

第二,夏季空调室内热环境设计指标,应符合下列要求:卧室、起居室室内设计温度取 26C～28C;换气次数取 1.0 次/h;人员经常活动范围内的风速不大于 0.5 m/s。

第三,空调系统的新风量,不应大于 20 m³/(h·人)。

第四,通过采用增强建筑围护结构保温隔热性能提高采暖、空调设备能效比的节能措施。

第五,在保证相同的室内热环境指标的前提下,与未采取节能措施前相比,居住建筑的采暖、空调能耗应节约 50%。

(2)住宅通风技术

第一,住宅通风设计的设计原则。应组织好室内外气流,提高通风换气的有效利用率;应避免厨房、卫生间的污浊空气,进入本套住房的居室;应避免厨房、卫生间的排气从室外又进入其他房间。

第二,住宅通风设计的具体措施。住宅通风采用自然通风、置换通风相结合技术。住户换气平时采用自然通风;空调季节使用置换通风系统。

（3）住宅采暖、空调节能技术

在城市热网供热范围内，采暖热源应优先采用城市热网，有条件时宜采用"电、热、冷联供系统"。应积极利用可再生能源，如太阳能、地热能等。小区住宅的采暖、空调设备优先采用符合国家现行标准规定的节能型采暖、空调产品。

小区装修房配套的采暖、空调设备为家用空气源热泵空调器，空调额定工况下能效比大于 2.3，采暖额定工况下能效比大于 1.9。

一般情况下，小区普通住宅装修房配套分体式空气调节器；高级住宅及别墅装修房配套家用或商用中央空气调节器。

第一，居住建筑采暖、空调方式及其设备的选择。应根据当地资源情况，经技术经济分析以及用户设备运行费用的承担能力综合考虑确定。一般情况下，居住建筑采暖不宜采用直接电热式采暖设备；居住建筑采用分散式（户式）空气调节器（机）进行制冷/采暖时，其能效比、性能系数应符合国家现行有关标准中的规定值。

第二，空调器室外机的安放位置。在统一设计时，应有利于室外机夏季排放热量、冬季吸收热量；应防止对室内产生热污染及噪声污染。

第三，房间气流组织。应尽可能使空调送出的冷风或暖风吹到室内每个角落，不直接吹向人体；对复式住宅或别墅，回风口应布置在房间下部；空调回风通道应采用风管连接，不得用吊顶空间回风；空调房间均要有送、回风通道，杜绝只送不回或回风不畅；住宅卧室、起居室，应有良好的自然通风。当住宅设计条件受限制，不得已采用单朝向型住宅的情况下，应采取以下措施：户门上方通风窗、下方通风百叶或机械通风装置等有效措施，以保证卧室、起居室内良好的通风条件。

第四，置换通风系统。送风口设置高度 $h < 0.8$ m；出口风速宜控制在 $0.2 \sim 0.3$ m/s；排风口应尽可能设置在室内最高处，回风口的位置不应高于排风口。

（4）采暖系统设计

寒冷地区的电力生产主要依靠火力发电，火力发电的平均热电转换效率约为 33％,再加上输配效率约为 90％,采用电散热器、电暖风机、电热水炉等电热直接供暖,是能源的低效率应用。其效率远低于节能要求的燃煤、燃油或燃气锅炉供暖系统的能源综合效率,更低于热电联产供暖的能源综合效率。

(四)绿色居住建筑的节水与水资源利用体系

1.分质供水系统

根据当地水资源状况,因地制宜地制定节水规划方案。按"高质高用、低质低用"原则,小区一般设置两套供水系统:生活给水系统、消防给水系统,水源采用市政自来水。

景观、绿化、道路冲洗给水系统:水源采用中水或收集、处理后的雨水。

2.节水设备系统

(1)变频调速技术及减压阀降压技术

小区加压供水系统采用变频调速技术,及在 6 层及 6 层以上建筑物需要调压的进户管上加装可调式减压阀,以控制卫生器具因超压出流而造成水量浪费。根据研究,当配水点处—静水压力＞0.15 MPa 时,水龙头流出水量明显上升。高层分区给水系统,最低卫生器具—配水点处—静水压＞0.15 MPa 时,宜采取减压措施。

(2)节水卫生器具

①住宅采用瓷芯节水龙头和充气水龙头代替普通水龙头。在水压相同的条件下,节水龙头比普通水龙头有着更好的节水效果,节水量为 30％～50％,大部分为 20％～30％。而且,在静压越高、普通水龙头出水量越大的地方,节水龙头的节水量也越大。因此,应在建筑中(尤其在水压超标的配水点)安装使用节水龙头,以减少浪费。

②配套公建采用延时自闭式水龙头(在出水一定时间后自动关闭,可避免长流水现象出水时间可在一定范围内调节)和光电控制式水龙头。

③采用 6 L 水箱或两档冲洗水箱—节水型坐便器。

④采用节水型淋浴喷头。

通常大水量淋浴喷头每分钟喷水超过 20 L;节水型喷头每分钟只喷

水 9 L 水左右,节约了一半水量。

3. 中水回用系统

在建筑面积大于 2 万 m² 的居住小区应设置中水回用站。对收集的生活污水进行深度处理。处理水质达到国家《饮用水水质标准》。中水作为小区绿化浇灌、道路冲洗、景观水体补水的备用水源。

(1)中水回用处理常用方法

①生物处理法

利用水中微生物的吸附、氧化分解污水中的有机物,包括:好氧—微生物和厌氧—微生物处理,一般以好氧处理较多。其处理流程为:

原水→格栅→调节池→接触氧化池→沉淀池→过滤→消毒→出水。

②物理化学处理法

以混凝沉淀(气浮)技术及活性炭吸附相结合为基本方式,与传统的二级处理相比,提高了水质,但运行费用较高。其处理流程为:原水→格栅→调节池→絮凝沉淀池→活性炭吸附→消毒→出水。

③膜分离技术

采用超滤(微滤)或反渗透膜处理,其优点是 SS 去除率很高,占地面积与传统的二级处理相比,大为减少。

④膜生物反应器技术

膜生物反应器是将生物降解作用与膜的高效分离技术结合而成的一种新型高效的污水处理与回用工艺。其处理流程为:原水→格栅→调节池→活性污泥池→超滤膜→消毒→出水。

(2)中水处理的工艺流程选择原则

①以洗漱、沐浴或地面冲洗等优质杂排水时(CODer 150～200 mg/L,BOD550～100 mg/L):一般采用物理化学法为主的处理工艺流程即满足回用要求。

②主要以厨房、厕所冲洗水等生活污水时(CODer 300～350 mg/L,BOD5150～200 mg/L):一般采用生化法为主或生化、物化相结合的处理工艺。物化法一般流程为:混凝→沉淀→过滤。

(3)规划设计要点

第一,中水工程设计,应根据可用原水的水质、水量和中水用途,进行水量平衡和技术经济分析,合理确定中水水源、系统形式、处理工艺和规模。

第二,小区中水水源的选择,要依据水量平衡和经济技术比较确定,并应优先选择水量充裕稳定、污染物浓度低,水质处理难度小、安全且居民易接受的中水水源。当采用雨水作为中水水源或水源补充时,应有可靠的调贮量和超量溢流排放设施。

第三,建筑中水工程设计,必须确保使用、维修安全,中水处理必须设消毒设施,严禁中水进入生活饮用水系统。

第四,小区中水处理站,按规划要求独立设置,处理构筑物宜为地下式或封闭式。

4.雨水利用系统

(1)屋面雨水利用技术

利用屋面做集雨面的雨水收集利用系统,主要用于绿化浇灌、冲厕、道路冲洗、水景补水等。分为单体建筑物分散式系统和建筑群集中式系统,由雨水汇集区、输水管系、截污装置、储存、净化和供水等几部分组成。同时还设渗透设施与贮水池溢流管相连,使超过储存容量的部分雨水溢流渗透。

(2)小区雨水综合利用技术

利用屋面、地面做集雨面的雨水收集利用系统:主要用于绿化浇灌、道路冲洗、水景补水等。该系统主要用在建筑面积大于 20 000 m² 的小区。它由屋面、地面雨水汇集区、输水管系、截污装置、储存、净化和供水等几部分组成。同时还设渗透设施与贮水池溢流管相连,使超过储存容量的部分溢流雨水渗透。

第二节　绿色医院建筑设计

一、绿色医院建筑的概述

(一)绿色医院建筑的基本内涵

"绿色医院"是一个整体的概念,它既涵盖了绿色建筑、绿色医疗、绿色管理,也包括了整个医院规划、设计、建造过程和医疗技术手段、医患关系及医院管理等诸多软环境的建设问题,跨越了医院全生命周期,绿色医院建筑是绿色医院的重要组成部分,是建设"绿色医院"的初始点和切入点,是绿色医院运行的基础和保障。

国内外绿色医院建设的实践证明,绿色医院建筑是一个发展的概念,其内涵涉及绿色建筑思想与医院建筑设计的具体实践,其内容十分广泛而复杂。医院建筑不同其他类型的建筑,这是功能要求复杂、技术要求较高的建筑类型,特别是绿色医院建筑的内涵具有复杂与多义的特征,只有全面正确地理解其内涵,才能在医院建设中贯彻绿色理念,使其具有可持续发展的生命力。绿色医院建筑的基本内涵主要包括以下几个方面:

第一,对资源和能源的科学保护与利用,关注资源、节约能源的绿色思想,要求医院建筑不再局限于建筑的区域和单体,更要有利于全球生态环境的改善。医院建筑物在全寿命周期中应当最低限度地占有和消耗地球资源,最高效率地使用能源,最低限度地产生废弃物,最少排放有害环境的物质。

第二,要对自然环境尊重和融合,创造良好的室内外空间环境,提高室内外空间的环境质量,营造更接近自然的空间环境,运用阳光、清新空气、绿色植物等元素,使之成为与自然共生、融入人居生态系统的健康医疗环境,满足人类医疗功能需求、心理需求的建筑物。

第三,医院建筑本体具有较强的生命力,包括使用功能的适应性与建筑空间的可变性,以适应现代医疗技术的更新和生命需求的变化,在较长的演进历程中可持续发展。新时期的绿色医院建筑要求,不仅能够维持短期的健康,还能够满足其长远的发展,为医院建筑注入动态健康的理念。

(二)绿色医院建筑的设计层次

现代化绿色建筑的设计,一般从建筑全寿命周期出发,考虑建筑对环境的影响。一个设计合理的绿色医院,可以从以下三个层次进行分析。

1. 保护医院接触人员的健康

医院的室内空气对医院的患者、医务人员、探视者和访客等都有着重要的影响。良好的医院环境可以帮助患者更快地恢复,减少住院的时间,减轻患者的负担,也可以提高医院病床的使用次数,增加医院接待能力。另外良好的医院环境还可以提高医务人员的工作效率。

2.保护周围社区的健康

相比普通的居住建筑,医院建筑对环境的影响更大。主要体现在医院的单位能耗水平更高,此外,在医疗过程中产生的医疗废弃物都是有毒的化学制品,这些化合物对周围社区的健康有着巨大的影响。

二、绿色医院建筑的设计原则与理念

绿色建筑是人类对自身所处的环境存在的危机做出的积极反应,绿色建筑体现了建筑、自然和人的高层次的协调,在医院建筑的设计和施工过程中,把新时期蓬勃发展的绿色思想与关注健康的医院建筑相结合,提出医院建筑绿色化的概念,这是医院建筑与环境发展的共同要求,代表了医院建筑的未来发展方向。

由于我国建筑业发展落后,医院建筑设计方面的专门研究起步较晚,底子薄,理论散,加之目前我国仍然缺乏从事医院建筑研究和创作的专门机构,致使许多医院建筑设计存在着盲目性,科技含量低,新的医院规划设计或多或少地停留在较为落后的观念上,或是盲目照搬照抄国外已有的甚至是过时的建筑模式,而针对我国具体情况的研究却比较少,暴露出了不少问题。我国医院建筑绿色化正处于发展繁荣期的历史阶段,如何结合对现阶段我国医院建筑绿色化影响因素的分析,预测我国医院建筑绿色化的发展,提出我国医院建筑绿色化的设计理念和设计原则,这是绿色医院建筑设计和建造者的一项重要任务。

三、绿色医院建筑的设计策略

(一)可持续发展的总体策划

随着我国医疗体制的更新和医疗技术的不断进步,医院的功能日趋完善,医院的建设标准逐步提高,主要体现在新功能科室增多、病人对医疗条件要求提高、新型医疗设备不断涌现、就医环境和工作环境改善等方面。绿色医院建筑的设计理念,要体现在该类建筑建设的全过程,可持续发展的总体策划是贯彻设计原则和实现设计思想的关键。

绿色医院建筑的可持续发展的总体策划,主要体现在规模定位与发展策划、功能布局与长期发展、节约资源与降低能耗等方面。

(二)自然生态的环境设计

自然生态环境设计是一个复杂的系统工程,是从宏观到微观全方位的生态环境保护和建设过程,它的目标是营造一个节材、节能、环保、高效、舒适、健康的环境。自然生态环境设计涉及生态城市的建设,生态住区和生态园区的建设,以及各类生态建筑的建设。自然生态环境设计应从宏观到微观贯穿城市建设的全过程,在各设计阶段中都有具体的建设目标。

绿色医院建筑自然生态环境设计的内容主要包括营造生态化绿色环境、融入自然的室内空间、构建人性化空间环境。

(三)复合多元的功能设置

医院的建筑形态,主要取决于医学及医疗水平、地区医疗需求、医院运营机制及建筑标准等要素。在一个地区、一个时期内,构成的以上要素具有一定的稳定性,然而医院建筑形态必然随着时间的推移而发生变化,在时空坐标上呈现为动态构成的趋势。由于构成要素具有相对稳定性,在医院建成运营后的一段时期内能够满足基本的医疗功能要求,通常将这一期限称为医院的功能寿命,也可称为医院建筑的形变周期。如超过这个期限,医院建筑就将发生功能和形态的变化,医院建筑的发展过程就是由一个稳定走向新的稳定的过程。绿色医院建筑的特征是具有较长的寿命周期,其功能和形态的变化应与需求同步。

绿色医院建筑的复合多元的功能设置,主要包括医院自身的功能完善、针对社会需求的功能复合、新医学模式下的功能扩展。

(四)先进集约的技术应用

随着我国经济的快速发展,我国绿色建筑在经济发展中也日益进步,伴随着绿色建筑的发展,在绿色建筑施工中,各种先进的施工技术层出不穷,也为我国绿色建筑工程的建设创造有利条件,也为我国的经济发展起到了至关重要的作用。在先进的技术指导下,建筑施工行业不仅有效地解决了我国建筑行业在传统施工技术上所存在的问题,还推动了我国绿色建筑的高速发展。

第三节 绿色办公建筑设计

一、绿色生态办公建筑的使用特点

(一)空间的规律性

不管是小空间的办公模式,还是大空间的办公模式,其空间模式基本上都是由基本单元组成,基本单元重复排列,相互渗透相互交融,有机联系使工作交流通畅,总的来说,其空间要适于个人操作与团队协作。

(二)立面的统一性

空间的重复排列自然导致办公建筑立面造型上的单元重复及韵律感。办公空间对于自然光线和通风的高质量需求,使得建筑立面必然会有大量有规律的外窗,其围护结构必然暴露于自然之中和自然亲密接触,而不是与自然隔绝。

(三)耗能大且集中

现代办公建筑的使用特征是使用人员相对比较密集、使用人群相对比较稳定、使用时间相对比较规律。这三种特征必然导致在"工作时间"中能耗较大。其内部能耗均发生在这个时间段,对周边环境的影响也集中体现在这一时间段。有关统计资料表明,办公建筑全年使用时间约为200～250 天,每天工作时间为 8 h,设备全年运行时间为 1600～2000 h。

绿色生态办公建筑设计目前还没有现成的公式可以套用,更不能把生态当做插件插入建筑设计,亦不应把绿色当作一种标签。好的绿色生态办公建筑设计,需要设计师以现代绿色生态的理念,利用办公建筑的使用特点,有效地将生态环保融入设计之中。

二、绿色生态办公建筑的设计

(一)绿色生态办公建筑的设计理念

1.健康舒适的环境

随着时代的发展和技术的进步,人们对生活和工作环境的品质要求也逐步提高,关注建筑功能的健康舒适性,以改善人们的生活工作环境,提高人们的生命质量成为建筑智能化的主要发展方向。高质量和高效率建筑环境的创造,始终应当是建筑创作的目标。当代建筑学、生态学及其他科学技术成果的综合,为建筑创作提供了新的设计思维。

健康舒适的环境概念是指:优良的空气质量,优良的温湿度环境,优良的光、视线环境,优良的声环境;应对的建筑设计方法:使用对人体健康无害的材料,减少挥发性有机化合物的使用,对危害人体健康的有害辐射、电波、气体的有效抑制,充足的空调换气,对环境温湿度的自动控制,充足合理的桌面照射,防止建筑间的对视以及室内尴尬通视,建筑防噪声干扰,吸声材料的应用等。

2.自然资源的运用

办公建筑设计中运用自然资源体系的目的是最大限度地获取和利用自然采光和通风,创造一个健康、舒适的人居环境。阳光和空气始终是人类赖以生存的物质条件。但照明和空调人工技术的普及和发展,使得自然体系的运用受到忽视,同时也对建筑环境产生了负面的影响。人们如果长期处于人工环境中易出现"病态建筑综合征"及"建筑关联症",如疲劳、头痛、全身不适、皮肤及黏膜干燥等。因此,在现代办公建筑中应注重自然采光和自然通风与高新技术手段的结合。自然通风可利用现代空气动力学原理,采用风压与热压及二者结合等多种途径实现;在自然采光方面,保证良好的光环境同时,为避免直射日光和过量的辐射热,可采取多种创新方式。

3.建筑自我调节设计理念

从建筑的"生命周期"来看,从决策过程→设计过程→建造过程→使用过程→拆除过程,表现出类似生命体那样的产生、生长、成熟和衰亡的过程。同所有生命体一样,建筑应当具备自我调节和组织能力以利于自身整体功能的完善。这种自调节一方面是指建筑具有调节自身采光、通风、温度和湿度等的能力,另一方面建筑又应具有自我净化能力尽量减少自身污染物的排放,包括污水、废气、噪声等。

(二)绿色生态办公建筑的设计要点

绿色生态办公建筑的设计要点可概括为:

第一,减少能源、资源、材料的需求,将被动式设计融入建筑设计之中,尽可能利用可再生能源(如太阳能、风能、地热能),以减少对于传统能源的消耗,减少碳排放;

第二,改善围护结构的热工性能,以创造相对可控的舒适室内环境,减少能量的损失;

第三,合理巧妙地利用自然因素(如场地、朝向、风及雨水等),营造健康生态适宜的室内外环境;

第四,采取各种有效技术措施,提高办公建筑的能源利用效率;

第五,减少不可再生或不可循环资源和材料的消耗。

以上是绿色生态办公建筑的 5 个突出设计要点,设计要点往往能够成为激发设计的因素,而一些不利条件也能成为有利条件。

因此,在优化建筑围护结构和降低冷热负荷的基础上,应提高冷热源的运行效率,降低输配电系统的电耗,使空调及通风系统合理运行,降低照明和其他设备的电耗,这一系列无成本、低成本可以有效地降低建筑能耗。针对办公建筑存在的以上问题,需要制定一系列指标,分项约束建筑物的围护结构、采光性能、空气处理方式、冷热源方式、输配电系统、照明系统和再生资源利用率。

办公建筑是为人类办公活动而建,人群是室内环境的主要影响者。办公空间有潜在的高使用率和办公机器的热,人体散热和机器散热这两部分内在热辐射不容忽视。实践证明,这两部分的热加上日照辐射热、地热及建筑物的高密闭性,就可为建筑提供充足的热量。当然,密封良好的建筑一般都应有较好的通风系统,室内通风不良不仅危及建筑结构,而且对人的健康危害很大。为了保证低能耗,建筑要控制通风量,但每小时每立方的室内应至少有 40% 左右的新风量。在夏季,室内产生的热量加上太阳辐射量吸收,会使房间内的温度过高,因此夏季要做好遮阳措施,避免额外太阳热量吸收,并利用夏季夜间自然通风以提供白天的舒适度。

热回收是利用建筑通风换气中的进、排风之间的空气差,达到能量回收的目的,这部分能量往往至少占 30% 以上。实践证明,新风与排气组成热回收系统,是废气利用、节约能源的有效措施。太阳能和地热能取之不尽、清洁安全,是理想的可再生能源。我国的太阳能资源比较丰富,理论上的储存相当于每年 1700。亿吨标准煤。太阳能光电光热系统与建筑一体化设计,如果可以和墙体、屋面结合起来,既能够提供建筑本身所需电能和热能,又可以减少占地面积。地热系统是利用地层深处的热水或蒸汽进行供热,并可利用地层一定深度恒定的温度,对进入室内的新风进行冬季预热或夏季预冷。

第四节　绿色商业建筑设计

一、绿色商业建筑的规划和环境设计

(一)商业建筑的选址与规划

商业建筑在其前期规划中,首先要进行深入细致的调查研究,寻求所在区位内缺失的商业内容作为自身产业定位的参考。在进行商业建筑地块的选择时,应当优先考虑基地的环境,物流运输的可达性,交通基础设施、市政管网、电信网络等是否齐全,减少规划初期建设成本,避免重复建设而造成浪费。

在建设场地的规划中,要根据实际合理利用地形条件,尽量不破坏原有的地形地貌,避免对原有自然环境产生不利影响,降低人力、物力和财力的消耗,减少废土和废水等污染物。规划时应充分利用现有的交通资源,在靠近公共交通节点的人流方向设置独立出入口,必要时可与之连接,以增加消费者接触商业建筑的机会与时间,方便消费者购物。

我国多数城市中心区经过长期的经营和发展,各方面的条件都比较完备,基础设施比较齐全,消费者的认知程度较高,逐渐形成比较繁华的商圈,不仅当地的城市经常光顾,外来旅游者也会慕名前来消费。成功的商圈有利于新建商业建筑快速被人们所熟悉,分享整个商圈的客流,而著名的商业建筑也同样可以提升商圈的知名度,增添新的吸引力。

在商圈内各种商业设施的种类繁多,应使它们在商品档次、种类、商业业态上有所区别,避免出现对消费者不正当争夺,从而影响经济效益,造成资源的浪费,国内外著名商圈表明,若干大型商业设施应集中在一定商圈范围内,以便于相互利用客源;但各自间也要保持适度的距离,过分集中将会造成人流局部拥挤,使消费者产生恐惧拥挤回避心理。

(二)商业建筑的环境设计

商业建筑是人们用来进行商品交换和商品交流的公共空间环境,它是现代城市的重要组成部分,也是展示现代城市商业文化、城市风貌与特色的重要场所。如何创造商业环境本身的美好形象,创造经济效益并产生社会影响,吸引市民和顾客的注意力,激发顾客消费欲望并产生购买商品的意图,进而付诸实施,是商业建筑内外环境最重要的设计任务。商业环境的装饰和布置就是达到这个目标极为关键和有效的手段。可见,商业环境的装饰和布置能够创造具有魅力的美好形象,帮助商业环境推销商品,提高商业环境工作人员的效率,显著增强商业环境的企业竞争力。商业建筑内外环境艺术设计的一个重要出发点,就是要最直接、最鲜明地体现商业营销环境的作用和效果,就是要采用各种装饰手段,既为市民和顾客提供一个称心如意的良好购物环境,也为商业环境内的工作人员提供舒适方便的售货场地。

比较理想的商业建筑环境设计,不仅可以给消费者提供舒适的室外休闲环境,而且环境中的树木绿化可以起到阻风、遮阳、导风、调节温湿度等作用。在商业建筑环境设计中,绿化的选择应多采用本土植物,尽量保持原生植被。在植物的配置上应注意乔木、灌木相结合,不同的植物种类相结合,达到四季有景的绿化美化效果。

良好的水生环境不仅可以吸引购物的人流,而且还可以很好地调节室内外热环境,有效地降低建筑能耗。有的商业建筑在广场上设置一些水池或喷泉,达到较好的景观效果。但这种设计形式不宜过多过大,设计时应充分考虑当地的气候和人的行为心理特征。水循环设计要求商业建筑的场地要有涵养水分的能力。场地保水的策略可分为"直接渗透"和"储集渗透"两种,"直接渗透"就是利用土壤的渗水性来保持水分;"储集渗透"则模仿自然水体的模式,先将雨水集中,再低速进行渗透。对于商业建筑来说,"直接渗透"更加适用。另外,硬质铺地在心理上给人的感觉比较生硬,绿化和渗透地面更容易使人接受。

现代商业建筑环境设计的一个新的趋势,就是建筑的内外环境在功能上的综合化,即把购物、餐饮、交往、办公、娱乐、交通等功能综合组成一个中心群体,是现代商业建筑环境设计的又一特点。大型商场和市场、商业街和步行商业街、购物中心和商业广场、商业综合体等四类现代商业建筑,都具有这种特点。功能的综合化则适应了现代消费需求和生活方式,带来了空间的多样化,并增强了活跃、欢快的购物气氛。例如日本福冈建成的博多水城,其建筑面积达 23.6 万平方米,在使用功能上把零售、娱乐、餐饮、办公、住宿等组成为一个城市中的欢乐岛,充分体现了现代购物中心在功能上的综合性特点。中德合资兴建的北京燕莎购物中心、中国国际贸易中心、赛特购物中心、上海商城等均属于这类具有功能综合性特点的现代商业环境,是展示当代中国最高设计水准的商业环境。

二、绿色商业建筑的建筑设计

(一)商业建筑的平面设计

商业建筑与其他建筑一样,其建筑朝向的选择是与节能效果密切相关的首要问题。在一般情况下,建筑的南向有充足的光照,商业建筑选择坐北朝南,有利于建筑采光和吸收更多的热量。在寒冷的冬季,接收的太阳辐射可以抵消建筑物外表面向室外散失的热量;在炎热的夏天,南向外表面积过大会导致建筑得热过多,从而会加重空调的负担,在平面设计中可以采用遮阳等措施解决好两者之间的矛盾。

在进行商业建筑平面设计时,应将低能耗、热环境、自然通风、人体舒适度等因素与功能分区统一协调考虑。将占有较大面积的功能空间设置在建筑的端部,设置独立的出入口,几个核心功能区间隔分布,中间以小空间连接,缓解大空间的人流压力。

商业建筑要区分人流和物流,并要细化人流的种类,各种流线尽量做到不要交叉,同时流线不出现遗漏和重复,努力提高运作效率,防止人流过分集中或过分分散引起的能耗利用不均衡。商业建筑的辅助空间(如车房、卫生间、设备间等),热舒适度要求较低,可将它们设置在建筑的西面或西北面,作为室外环境与室内主要功能空间的热缓冲区,降低夏季西晒与冬季冷风侵入对室内热舒适度的影响,同时应将采光良好的南向、东向留给主要功能空间。

(二)商业建筑的造型设计

在城市商业建筑空间环境塑造中,商业建筑的外观造型设计已经成为一种标志。美观大气的商业建筑外观造型设计能为公众提供了一个舒适的、宜人的视觉冲击,是一种人性化设计的体现,从而唤起消费者的购买欲望,一个美观大方的商业建筑会对人们生活空间环境质量的提高产生重要的影响。在进行商业建筑造型设计时,应掌握以下基本原则:

1.商业性原则

人所共知,商品质量达到一定程度,包装设计在商品竞争中的作用显得极为重要。包装能刺激观看者的视觉,引起顾客的注意,唤起消费欲望,包装还可以使单纯的技术产品附带上文化的属性,并携带着设计者个人艺术倾向,充满人情味,满足人们对艺术的潜在追求。建筑也是一种商品,也要通过吸引顾客的注意力引发消费冲动、实现价值交换。商业社会重要的包装意识和包装手法也同样渗入了建筑领域,流行的建材和建筑式样会被建筑师包装进自己的作品里,成为塑造建筑形象、获取大众认可的重要手段。

2.整体性原则

商业建筑的外立面造型设计不是孤立存在的,它位于具体的城市区域中,必然与所在区域的城市环境相结合;与城市外部空间环境、交通体系有良好的衔接;体现地域文化、城市文脉和自然因素的特点;与周边建筑环境和区域的统一;符合商业建筑的性格特征、功能组织和建造方式等。在现代城市中,很多商业建筑以满足自身的功能需要为设计的出发点,却极少考虑到建筑造型和城市空间和其他建筑之间的交流和协调。建筑外观造型要摆脱封闭的形象,要和城市空间有交流,和周边建筑环境相协调。

3.人性化原则

商业建筑具有人文内涵,基础是贯彻以人为本的人性化设计,一切从人的需要出发,无论是物质的还是精神的,表层的还是深层的,都要满足消费者的各种需求,提供人性化的服务。

(1)形象墙

形象墙对吸引顾客有非常重要的作用,同时有利于商业设施的广告宣传。在设计时,既要注意标志物的式样规格、材料、色彩、安装位置等,还要注意与建筑造型的协调问题,避免失去平衡。

(2)橱窗与广告牌

是一种能够从远距离识别的标志物,是商业建筑重要的特征,有很好的展示宣传功能,对人们有很好的识别性和导向性。

4.经济性原则

经济是维持商业建筑现实运转的命脉,商业建筑经营的目的也是创造经济价值,因此,在大型商业建筑外部造型设计时,也必须遵循经济适用的原则,严格控制成本。外部造型在商业建筑中有重要的位置,并没有直接给该商业建筑带来人气和利润,但它又直接影响商场的经营和利润,因此引起了商业经营者和设计者的高度重视。欧美的不少大型商业中心外观简洁，其装修材料朴实，但是由于设计巧妙，施工精良，也能取得不错的效果。我国有些商业建筑，在外部造型的设计上存在好大喜功、追求气派的不良心态，虽然可收到一定效果，但是浪费了大量的金钱。所以，在商业建筑外部空间的设计中，经济性是一把衡量的戒尺，把握"适度"和"因地制宜"的设计概念非常重要。

(三)商业建筑的中庭设计

商业建筑中的中庭，是商业环境中非营业性的开放空间，它不仅是商业行为、功能的组织者，而且是空间形态多变、内容丰富、室内商业环境的精华部分。商业建筑的中庭具备舒适的休闲环境，结合了游乐活动、文娱设施、文化展示，而成为城市中欢乐愉悦的场所，也是市民休闲生活的重要场所，有"城市大起居室"之称。它为人们提供了休息、交往、观光会晤的空间，同时，可以将人流高效地组织到交通中去。这种室内开放空间具有解决交通集散、综合多种功能、组织环境景观、完善公共设施、提供信息交换的作用。沟通了与消费者的促销渠道，随时随地向人们发出商业的信息与动态，对于提高购物活动的效率以及开发商业价值具有重要意义。

中庭为现代商业建筑空间注入了新的活力。因为中庭空间是商业建筑空间形象的一个精彩高潮，也是创造别致的商业气氛的重要场所。在这里，空间艺术的创造使中庭形成整个商业建筑独特而别具风格的景观中心。中庭作为建筑物体内部带有玻璃顶盖的多层内院，多设置垂直交通工具而成为整个建筑的交通枢纽空间。不同方向的人流在这里交汇、集散。同时，这里也是人们憩息、观赏和交往行为的场所，使中庭形成一个多元化的活动空间。因而中庭不同于一般的室内空间，在尺度、形状、内容等方面也完全改变了传统的室内空间观念。

商业建筑的中庭顶部一般都设有天窗或是采用透光材质的屋顶，可引入室外的自然光，减少人工照明的能耗。夏天，利用烟囱效应将室内有害气体及多余的热量集中，统一排出室外；冬天，利用温室效应将热量留在室内，提高室内的温度。中庭高大的空间也为室内绿化提供了有利条件。合理配置中庭内的植物,可以调节中庭内的湿度,有些植物还具有吸收有害气体和杀菌除尘的作用,另外利用落叶植物不同季节的形态,还能达到调节进入室内太阳辐射的作用。

(四)商业建筑地下空间利用

在城市中的商业建筑处于繁华的中心地带,建筑用地可称为寸土寸金,商家要充分发挥有限土地利用的最大效益,尽量实现土地的立体式开发。目前全国的机动车数量快速剧增,购物过程中的停车问题成为影响消费者购物心情和便捷程度的重要因素。国内外的实践证明,发展地下停车库是解决以上问题的最好方法。

合理利用城市商业建筑的地下空间,发展地下多功能的地下商业是都市商业成熟的标志。尤其是在土地资源日趋紧缺的中国的大城市,科学、有序、理性、有效地开发商业地下空间,这是国际化的发展趋势。现在很多城市的商业建筑利用地下浅层地下空间,发展餐饮、娱乐等商业,而将地下车库布置在更深层的空间里,在获得良好经济效益的同时,也实现了节约用地的目标。

在有条件的情况下,商业建筑还可以将地下空间与地铁等地下公共交通进行连接,借助公共交通的便利资源,使浪费过程变得更加方便快捷,减少搭乘机动车购物时给城市交通带来的压力,达到低碳减排的环境保护目的。

三、商业建筑的空间环境设计

(一)商业建筑的室内空间设计

城市中的商业环境对于城市社会和市民是极其重要的,它不仅是买卖、经营、购物之所,而且作为城市文化的窗口,成为城市生活的真实写照,它是整个城市生活的重要舞台,传承来自四面八方的信息。商业环境是物流汇集、融资流通之地,是体现竞争的环境,由于它极其富有引力、成为大众的公共交往空间。购物环境中的中庭、庭院、广场、大厅,以及室内商业街道,都是购物环境中非营业性的室内空间。由此可见,商业建筑的室内空间设计是绿色商业建筑设计中的重要内容。

购物者的大部分商业行为都是在商业建筑室内完成的。商业建筑室内空间设计首先要做到吸引消费者的购买欲望,并且在长时间的购物过程中身心都感觉比较舒适。在建筑室内空间的设计中,可以采取室外化的处理手法,即将自然界的绿化引入到室内空间,或者将建筑外立面的装饰手法应用到商业建筑的室内界面上,使室内的环境如同室外的大自然环境。

有些商业建筑承租户更换频率比较高,因此在租赁单元的空间划分上应当尽量规整,各方面条件尽量保持均衡,而且做到室内空间可以灵活拆分与组合,满足不同类型承租户的需求,便于进行能耗的管理。

(二)商业建筑室内材料的选择

装饰材料选择是商业室内空间设计中的重要环节,不同的装饰材料有不同的质感、视觉效果与色彩。在商业建筑室内空间设计中,设计师要根据内部的空间性质,选择适宜材质并充分利用材料质感的视觉效果,创造优雅空间。商业建筑室内装饰材料的选择,首先要突显商业性、时尚性,同时还应重点考虑材料的绿色环保特性。常用材料有木材、石材、金属、玻璃、陶瓷、涂料、织物、墙纸墙布等。

木材在商业空间装修中一般有两个方面的使用:一是用于隐蔽工程和承重工程,如房屋的梁、吊顶用木龙骨、地板龙骨等,常用树种有松木、杉木等;二是用于室内工程及家具制造的主要饰面材料,常用树种有胡桃木、柚木、樱桃木、棒木、枫木等。

石材分天然石材和人造石材两种,天然石材又分花岗岩和大理石两大类。花岗岩外表呈颗粒状,质地坚硬细密,适合做建筑装饰或室内地面,而大理石纹理丰富、色彩多样,质地柔软,在商业空间设计中常用于室内地面和墙面。人造石材分纯亚力克、复合亚克力及聚酯板,与天然石材相比有环保、无毒、无辐射的特点,其可塑性强的特点更能满足设计师天马行空的创意思想。颜色上的丰富多彩,也可满足商业空间不同的设计要求。一般用于厨房台面、窗台板、服务台、酒吧吧台、楼梯扶手等,极少用于地面。

金属材料主要有钢、不锈钢、铝、铜、铁等,钢、不锈钢及铝材具有现代感,而铜较华丽,铁则显得古朴厚重。其中不锈钢在商业空间室内装修中应用非常广泛。铜材在装修中的历史悠久,多被制作铜装饰件、铜浮雕、门框、铜条、铜栏杆及五金配件等。

玻璃在商业空间中的应用是非常广泛的,从外墙窗户或外墙装饰到室内屏风、门、隔断、墙体装饰等都会用到。其中平板玻璃 5~6 mm 玻璃主要用于外墙窗户、门等小面积透光造型,7~9 mm 玻璃主要用于室内屏风等较大面积且有框架保护的造型中,11~12 mm 的平板玻璃用于地弹簧玻璃门和一些隔断。

涂料是含有颜料或不含颜料的化工产品,涂在物体表面起到装饰和防护的作用。可以分为水性漆和油性漆,也可以按成分分为乳胶漆、调和漆、防锈漆等。

瓷砖按工艺和特色可分为釉面砖、通体砖、抛光砖、玻化砖及马赛克等,品种琳琅满目,可根据室内装修要求选用。

墙纸墙布在商业空间装修中广泛应用于墙面、天花板面装饰材料,通过印花、压花、发泡可以仿制许多传统材料的外观,图案和色彩的丰富性是其他墙面装饰材料所不能比拟的。

总之,在商业建筑室内材料的选择上,应避免铺张浪费、奢华之风,用经济、实用、合适的材料创造出新颖、绿色、舒适的商业环境。在具体的工程项目中,应当考虑尽量使用本土材料,从而可降低运输及材料成本,减少运输过程中的消耗及污染。

四、商业建筑结构设计中的绿色理念

安全、经济、适用、美观、便于施工是进行建筑结构设计的原则,一个优秀的商业建筑结构设计应该是这五个方面的最佳结合。商业结构设计一般在建筑设计之后,结构设计不能破坏建筑设计,建筑设计不能超出结构设计的能力范围,结构设计决定了建筑设计能否实现。随着社会经济的发展和人们生活水平的提高,对商业建筑工程的绿色设计也提出了更高的要求。而结构设计作为商业建筑工程设计不可分割的一环,必然对工程设计的成败起着重大的影响作用。因此,树立绿色理念、优化结构设计、发展先进计算理论,加强计算机在结构设计中的应用,加快新型建材的研究与应用,使商业建筑结构设计符合绿色化的要求,达到更加安全、适用、经济是当务之急。

商业建筑结构设计中的绿色理念,就是商业建筑要以全生命周期的思维概念去分析考虑,合理选择商业建筑的结构形式与材料。在通常情况下,商业建筑对结构有如下要求:建筑内部空间的自由分割与组合对商业建筑非常重要,在满足结构受力的条件下,结构所占的面积也尽可能地少,以提供更多的使用空间;较短的施工周期,有利于实现建筑的尽早利用;商业建筑还时常需要高、宽、大等特殊空间。

五、商业建筑围护结构节能设计

(一)商业建筑外墙与门窗节能

商业建筑是人流集中、利用率高的场所,不仅应当重视外立面的装饰效果,而且在外围护结构的设计上还应注意保温性能的要求。商业建筑的实墙面积所占比例并不多,但西、北向以及非沿街立面实墙面积比较大。目前,商业建筑一般是墙面用干挂石材内贴保温板的传统做法,也有的采用新型保温装饰板,它将保温和装饰功能合二为一,一次安装,施工简便,避免了保温材料与装饰材料不匹配而引起的节能效果不佳,减少了施工中对材料的浪费,节省了人力资源和材料成本。这些保温装饰板可以模仿各种形式的饰面效果,从而避免了对天然石材的大量开采,对保护自然环境非常有利。

由于商业建筑具有展示的要求,其立面一般比较通透、明亮,橱窗等大面积的玻璃材质较多,通透的玻璃幕墙给人以现代时尚的印象,夜晚更能使建筑内部华美的灯光效果获得充分的展现,能够吸引人们的注意。但从节能角度考虑,普通玻璃的保温隔热性能较差,大面积的玻璃幕墙将成为能量损失的通道。要想解决玻璃幕墙的绿色节能问题,首先应当选择合适的节能材料。目前,在商业建筑装饰工程中应用的节能玻璃品种越来越多,最常见的有吸热玻璃、热反射玻璃、中空玻璃、Low－E玻璃等。

吸热玻璃是能吸收大量红外线辐射能、并保持较高可见光透过率的平板玻璃。生产吸热玻璃的方法有两种:一是在普通钠钙硅酸盐玻璃的原料中加入一定量的有吸热性能的着色剂;二是在平板玻璃表面喷镀一层或多层金属或金属氧化物薄膜而制成。

热反射玻璃是将平板玻璃经过深加工得到的一种新型玻璃制品,既具有较高的热反射能力,又保持平板玻璃良好的透光性,还具有优良的遮光性、隔热性和透气性,可以有效节约室内空调的能源,这种玻璃又称为镀膜玻璃或镜面玻璃。

中空玻璃又称隔热玻璃,是由两层或两层以上的玻璃组合在一起,四周用高强度、高气密性复合胶黏剂将两片或多片玻璃与铝合金框架、橡胶条、玻璃条黏结密封,同时在中间填充干燥的空气或惰性气体,也可以涂以各种颜色和不同性能的薄膜。为确保玻璃原片间空气的干燥度,在框内可放入干燥剂。

Low－E玻璃为低辐射镀膜玻璃,是相对热反射玻璃而言的,是一种节能性能良好的玻璃。这种玻璃是在表面镀上多层金属或其他化合物组成的膜系产品,其镀膜层具有对可见光高透过及对中远红外线高反射的特性,使其与普通玻璃及传统的建筑用镀膜玻璃相比,具有优异的隔热效果和良好的透光性。

商业建筑与其他建筑一样,影响门窗能量损失的重要因素就是窗墙面积比。商业建筑的门窗面积越大,空调采暖制冷的负荷就越高。商业、产品展示等功能为营造室内环境,更多的是采用人工照明和机械通风,因此这些部分对开窗面积要求并不高。在中庭、门厅、展示等公共部分则往往会大面积地开窗。所以商业建筑门窗要选择节能门窗,夏季要隔热和遮阳,冬季室内要保持一定的温度,采用采暖设备及其他防止冷风入侵的措施,这些都十分必要。

(二)商业建筑屋顶保温隔热

在建筑物受太阳辐射的各个外表面中,屋顶受辐射是最多的。为提高屋面的保温隔热性能,屋面隔热可以选用多种保温隔热技术:保温性隔热成本较低,如聚苯板、隔热板等材料;种植屋面的隔热效果最好,成本也不高,主要能降低"城市热岛"效应,增加城市的生物多样性;改善建筑景观,提升建筑品质,提高建筑的节能效果;屋面蓄水、种植屋面、反射屋面、屋面遮阳、通风等也是不错的隔热措施。

商业建筑一般为多层建筑,占地面积比较大,这必然导致其屋顶的面积也较大。与外墙不同的是,屋顶不仅具有抵御室外恶劣气候的能力,而且还必须做好防水,并能承受一定的荷载。屋顶与墙体的构造不同,与外界交换的热量也更多,相应的保温隔热要求也比较高。

屋顶开放空间同时具备两个景观要素,即造景和借景。造景即本身通过在屋顶空间上设置较为稳定的人造景观形式作为造景元素供人们观赏;借景即将别处的景观作为自身的观景对象供人们欣赏。屋顶景观设计在现代城市中的影响越来越受到人们的重视它的作用是不可估量的。发掘屋顶的景观潜力,与实用功能相结合,利用绿色节能技术,设置屋顶花园是提高商业建筑屋顶保温隔热性能的有效方法之一,并且可以提高商业建筑的休闲品位。

创建屋顶式花园首先要解决防水和排水问题。及时进行排水不仅可以防止商业建筑屋顶渗漏,而且能够预防屋顶植物烂根死亡。屋顶花园的防水层构造必须具有防根系穿刺的功能,防水层上应铺设良好的排水层,还应注意考虑屋顶花园的最大荷载量,尽量采用轻质材料,树槽和花坛等较重物应设置在承重构件上。屋顶花园在植物的选择上,应以喜光、耐寒、抗旱、抗风、植株较短、根系较浅的灌木,一般不要选择高大乔木。

另外,架空屋面、通风屋面等结构形式,也是实现商业建筑屋面保温隔热的良好措施。架空屋面是指采用隔热制品覆盖在屋面防水层上,并架设一定高度的空间,利用空气流动加快散热起到隔热作用。通风屋面是指在屋顶设置通风层,一方面利用通风层的外层遮挡阳光,使屋顶变成两次传热,避免太阳辐射热直接作用在围护结构上;另一方面利用风压和热压的作用,尤其是自然通风,带走进入夹层中的热量,从而减少室外热作用对内表面的影响。

(三)商业建筑的遮阳设计

由于商业建筑要求具有展示商品的功能,所以其采用通透的外表面比较多,为了控制夏季较强阳光对室内的辐射,防止直射阳光造成的眩光,必须根据实际采取一定的遮阳措施。由于建筑物所处的地理环境、窗户朝向,以及建筑立面的要求不同,所采用的遮阳形式也应有所不同。在商业建筑中常用的遮阳形式主要有内遮阳和外遮阳,水平遮阳、垂直遮阳与综合性遮阳,固定遮阳和活动遮阳。

(四)商业建筑空调通风系统节能

随着我国工业化和城镇化的加快发展,能源供需矛盾已经越来越突出。有关统计资料显示,建筑能耗占全国能耗近 30%,在公共建筑的全年能耗中,空调制冷与采暖系统的能耗占到 50%~60%,这类建筑的节能潜力很大。商业建筑的空调与通风系统和公共建筑有很多相似和相通之处,新风耗能占到空调总负荷的很大比例,除了提高空调的能效之外,处理好两者之间的关系,也有利于降低空调的能耗。国内许多城市的建筑实践证明,大型商业建筑是当前我国建筑节能工作的重点,空调系统的能耗高是造成大型商业能耗巨大的主要原因,自动控制是实现空调系统节能运行和工况保证的重要途径。

(五)商业建筑采光照明系统设计

在现代商业空间设计中,光不仅仅起到照明的作用,随着人们对环境氛围的要求越来越高,光所具有的装饰效果被设计师充分运用。在人们的眼中,光有冷暖、颜色之分,经过设计师的精心"裁剪",使得光有了形状,让光与其他材质充分配合,使商业空间的室内装潢演绎得更加生动。

在对商业空间进行设计时,首先要对空间本身做慎重地考虑,因为所有的建筑空间,不论设计本身存在多少优点,难免在空间划分和利用方面存在一些遗憾,而室内的采光及照明可以对其做扬长避短的再调整,即对空间进行了二次创造。通过对人体工程学进行科学的空间规划,合理的空间选材与造型,比例适当的家具定制,以及采光与照明的利用,实现空间的二次创造。照明在其中更是起到了点睛之笔的作用,往往成为设计成功的关键与否。

有关统计资料表明,商业建筑消耗在采光照明上的能源,一般都占到总能源的30%以上。其中,夏秋季节,照明系统能耗占总能耗的比例为30%～40%;冬春季节,照明系统能耗占总能耗的比例为40%～50%。由此可见商业建筑照明系统节能的潜力很大。

商业空间的采光与照明主要起到创造气氛,增强空间感和立体感等作用。光的亮度和色彩是决定气氛的主要因素。商业空间内部的气氛也由于不同的光色而产生不同的变化。光色最基础的便是冷暖,商业空间室内环境中只用一种色调的光源可达到极为协调的效果,如同单色的渲染,但若想有多层次的变化,则可考虑有冷暖光的同时使用。空间的不同效果,可以通过光的作用充分表现出来。通过利用光的作用,加强主要商品的照明,来吸引顾客的眼球,也可以用来削弱不希望被注意的次要地方,从而进一步使空间得到完善和净化。

(六)商业建筑可持续管理模式

1.商业建筑人流的周期性特点

根据统计资料表明,购物中心的顾客平时的工作与休息,一般都是以一星期为一个周期。购物者的周期性规律决定了商业建筑的人流量,也是以一周为时间循环变化。周一到周五属于工作时间,购物中心的人流量较少,而且多数集中到晚上。从周五开始,购物人流慢慢变多,并持续上升,在周六的下午和晚上达到人流高峰,周日依然保持高位运转,但逐渐开始降低,到周日晚营业结束降至最低点,然后开始新一周的循环。

就每一天的营业情况来说,也同样存在着一定的规律性。一般来说,我国的商业建筑从早晨9点开始营业,一直到中午之前这段时间的人流并不太多,从中午开始购物者逐渐增多,到晚上达到一个高潮。不同功能的商业建筑也都存在周期性变化。

最显著的一个周期性特点就是每年的节假日和黄金周。如元旦、春节、五一、十一、清明、中秋、端午等节日,再加上国外的圣诞节、情人节、母亲节、父亲节等,一年中几乎每个月都会有节日,让工作繁忙的人们能够获得更多的休息,并有机会到商业建筑中购买物品,由此催生的假日经济带来了更多的消费机遇。

针对商业建筑存在的以上周期性特点,管理者应用科学的方法合理使用商业建筑,利用自动或手动设施控制不同人流、不同外部条件下的各种设备的运行情况,避免造成能耗浪费或舒适度不高。

2. 商业建筑的节能管理措施

针对商业建筑体量大、能耗高的特点,建立一套智能型的节能监督管理体系,加强对商业建筑节能管理,是实现绿色商业建筑的重要措施。实践充分证明,对各种能耗进行量化管理,直观显示能耗的情况,是商业建筑节能管理中的有效手段。对于独立的承租户进行分户计量,能够精确到户的能耗都应按每户实际用量收取费用,这样有利于提高承租户自身的节能积极性。根据能耗的总量,研究设定平均能耗值,对节能的商户采取鼓励政策。

对于水、电、煤气、热等各种能耗指标,应进行动态监视,并把每种能源按照不同的用途进行细化,准确掌握各部分的能耗情况,根据具体情况进行节能,一旦某个系统出现能耗异常也可以及时发现。管理者应定期对整个商业建筑进行能耗方面的检查,以便及早发现并解决问题。

第五节 绿色体育建筑设计

一、体育建筑特点

(一)占地大

体育建筑体量大,需要较大用地满足建筑本身平面功能的布置,其中体育场如满足举行田径、足球等比赛项目,需要额外设置配套的室外练习场。作为大量人流聚散场所,短时间内大量观众进出场馆是体育建筑另一特点,需要足够的用地和空间满足人员集散、停车、各种人流(如运动员、贵宾、媒体、安保、场馆运营、观众人群)和车流等交通流线组织的需求。上述因素造成体育建筑需要占用较大规模的用地,以满足赛事及大型活动的需要。目前新建的市级及市级以上的体育设施多数以体育中心的方式进行建设,包括体育场、体育馆、游泳馆及相关的配套训练设施,最小占地规模也要在 0.3 km² 左右,个别规模大的体育中心占地往往接近 1 km²。

(二)规模大

体育建筑在满足全民健身需要的同时,主要的建设目标是满足观众观看体育赛事活动的需要。根据其地区属性、赛事等级,观众规模从数千人至数万人不等,建筑面积从数万平方米至数十万平方米。同时,由于体育建筑的大空间特性,与办公楼、旅馆等建筑相比,相同建筑面积,体育建筑的空间体量会更大。

(三)跨度大

体育建筑一般由比赛场地、观众席以及为观众和其他人群提供服务的附属用房组成,如体育馆比赛场地最小尺寸一般要满足篮球比赛的需要,长宽尺寸约为 38 m×20 m,比赛场地四周设置少则数千,多则过万的观众座席区。而且整个比赛大厅要求观众视线无遮挡,不可能设置承重构件,所以体育建筑通常需要采用大跨度的空间结构形式。

(四)空间大

以体育馆为例,比赛场地净高一般按照该场地承接比赛项目所需最高净空确定,通常不小于 12.5 m。对于大型、特大型体育馆,观众数量大,观众座席多,座席排数多,需设二层甚至三层观众座席才能满足使用要求,进一步增加了平面尺寸及建筑室内净高。

(五)功能庞大

体育建筑根据体育赛事要求划分为八个功能区:场馆运营区、观众区、赛事管理区、运动员及随队官员区、贵宾及官员区、赞助商区、新闻媒体区、安保区。每个分区之间既要相互结合,共同构成一个完整的建筑,又要求相对独立,互不干扰。

二、体育建筑绿色设计

(一)建筑选址

由于体育建筑体量规模巨大,功能复杂,短时间内聚散人员众多等特点,体育建筑的选址既要考虑城市总体规划的要求,又要兼顾其自身特点,保证选址符合城市的总体发展,满足赛事活动的顺利举行,保证体育建筑的赛后利用,实现体育建筑的可持续发展,所以,体育建筑选址是体育建筑绿色设计的重要内容。

体育建筑选址有三种可能性,并分别具有如下特点。

1.城市区域

体育建筑用地周边为城市建成区。城市综合环境、消费人群、交通市政等设施相对成熟,在体育建筑举行赛事及大型活动时非常便于观众的到达,同时也非常有利于平时的赛后利用。但举行赛事及大型活动时对城市交通干扰大,增加交通拥挤,影响城市的正常秩序。

2.城市边缘区域

体育建筑用地处在城市建成区与郊区之间。城市综合环境、消费人群、交通市政设施等较成熟,在体育建筑举行赛事及大型活动时便于观众的到达,对城市干扰较小,赛后利用较好,目前国内大多数体育中心均选址在城市边缘区域。

3.远离城市区域

体育建筑用地远离城市建成区。交通不便利,举行赛事及大型活动时对城市干扰小,但不便于赛后利用。

为保证体育建筑赛时、赛后的使用,节约建设投入以及日常运营费用,体育建筑用地周边应具备较好的市政、交通条件。对于大型体育中心,其建设用地宜选择在城市边缘区,邻近城市主干道和城市轨道交通,该区域应具备一定的城市氛围同时又交通便利,这样一方面能够保证大型赛事活动人员的快速疏散,同时对整个城市影响较小,另一方面又能在一定程度上为体育设施的赛后利用提供便利条件。通过对目前已建成的体育设施赛后使用情况进行分析,我们不难发现体育建筑选址与体育建筑赛后利用之间存在着一定的关联。

体育建筑选址除要重点考虑上述所提的赛后利用外,还要满足国家和地区关于土地开发与规划选址相关的法律法规、规范的要求,符合城市规划的要求,要综合考虑土地资源、市政交通、防灾减灾、环境污染、文物保护、节能环保、现有设施利用等多方面因素,体现可持续发展的原则,达到城市、建筑与环境有机地结合。

体育建筑应选择在具有适宜的工程地质条件和自然灾害影响小的场地上建设。建设用地应位于200年一遇的洪水水位之上或邻近可靠的防洪设施,应尽量避开地质断裂带等对建筑抗震不利以及易产生泥石流、滑坡等自然灾害的区域。建设用地应远离污染区域,用地周边的大气质量、电磁辐射以及土壤中的氡浓度应符合国家有关规范的要求。

(二)场地规划

体育建筑占地大,场地内设施多,各种交通流线复杂,景观环境要求高。与其他建筑类型相比,体育建筑的场地设计有其自身的特点,在体育建筑整体设计中占有相当的分量,是体育建筑设计中不容忽视的重要环节。场地设计中存在较多可进行绿色设计的内容,合理的规划不仅影响建筑的外环境,更是建筑节能的基础,在体育建筑的规划阶段,就应从节能角度进行考量,合理利用风、光、水、绿色植物等要素,创造有利于体育建筑节能的区域小气候。

(三)绿化设计

在规划建设中,对用地内原有绿地与树木应保护和利用,尽量减少对场地及周边原有绿地的功能和形态的改变,对建设用地中已有的名木及成材树木应尽量采取原地保护措施,无法原地保留的成材树木采用异地栽种的方式保护。

通过合理规划,保证建设用地的绿化率达到或高于国家及地区规定的标准。绿化植物的选择应满足地方化、多样化的原则,乔木、灌木与草皮应合理搭配,并以乔木为主。在可能的情况下,应考虑设置垂直绿化和屋顶绿化。屋顶绿化和垂直绿化不仅可以有效地增加绿地面积,美化环境,创造和周边环境更为和谐的城市景观,还可以提高建筑外围护结构的保温性能,减少城市热岛效应。

(四)建筑设计

①科学确定体育建筑的功能定位,包括建筑规模和赛事等级,并根据功能定位合理设计观众席位和比赛、热身场地。目前国内大多数体育场馆在大部分时间均以全民健身和大型活动为主,应根据场馆的实际情况,合理地配置固定和活动座席数目的比例。学校及社区体育场馆宜以活动座席为主。在基地为坡地时,可充分利用现有地形地势,将看台顺应地形布置,也可采用下沉式建筑布局或覆土的建筑形式,缩小建筑规模,削减无效空间,并大大降低外围护结构能耗。观众座席应尽量增加活动座席的比例,一方面,可提供更大的场地,满足健身、大型活动的需要;另一方面,可降低建设资金投入和长期运营维护费用。

②单座容积是指体育馆观众厅容积与观众座席数的比值。单座容积数值高就意味着观众厅容积大。观众厅容积大会增加空调负荷,加大室内热工损耗,并造成室内混响时间过长;观众厅容积过低则会造成室内空间过于压抑。

③建筑外围护结构是保持室内环境热舒适度和降低能耗的重要因素。体育建筑的大空间特性,决定其具有大面积的外围护结构,这就要求外围护结构必须具有良好的保温性能。体育建筑外围护结构一般采用金属复合墙体和通透性材料等,而且随着设计手法的不断发展和玻璃幕墙保温性能的不断提高,玻璃等透光材料在体育建筑外围护设计中的使用更加普遍。

三、体育建筑绿色技术

(一)节水措施

中国是世界上最缺水的国家之一。建筑在开发、维护和使用过程中消耗的水资源巨大,节水刻不容缓。大型体育建筑的节水技术,通常包括以下三个方面。

1.雨水、中水开发利用

开辟非传统水源是目前节水的热点,第二水源包括雨水、中水等非传统水源,可替代等量的自来水,这样就相当于节约了城市供水量。雨水收集利用技术在世界范围内已经得到了广泛的应用。雨水利用的方式概括为以下三个方面:一是利用建筑屋顶面、广场面集水等手段进行雨水收集;二是通过草地、透水路面的铺装增加雨水入渗或进行人工回灌,补充日益匮乏的地下水资源,减轻城市排水工程的负担;三是利用雨水可解决缺水地区人与动物的饮水问题。

体育建筑占地大,具有大面积的屋顶、室外聚散广场和绿化,非常适宜采用雨水回收利用以及雨水入渗技术。雨水利用指的是采用不同方法将体育场馆屋面及广场地面雨水收集起来,经过一定的净化处理后,获得符合规定水质标准的水并使之得到使用的过程。雨水净化处理工艺应根据径流雨水的水质、水量和处理水质标准来选择。经收集处理后的雨水一般用于场馆周围的草坪灌溉,冲洗地面或道路,洗车,景观,人工湿地补水,建筑施工用水等,有条件的还可作为冲厕和消防等补充用水。

中水来源于建筑生活排水,包括生活污水和生活废水。体育建筑中的生活废水包括冷却排水、沐浴排水等杂排水,为优质杂排水。由于体育建筑内设有大量卫生间、淋浴等用水设施,可供利用的生活废水量尤为可观,经净化处理后,达到规定的水质标准,成为中水,可用于冲厕、绿地浇灌、道路清洁、车辆冲洗、建筑施工用水、景观用水,以及可以接受其水质标准的其他用水。

2.高效灌溉方式

体育建筑通常具有较大的室外景观绿化,体育场、足球场等室外场地具有大面积的自然草皮场,需要消耗大量的水进行维护。在绿化灌溉设计中,水源应优先采用地表水、雨水及经过处理后的中水。采用高效灌溉方式也是重要节水途径。高效灌溉不仅节约用水,还节省劳力、少占耕地,并有利于美化环境、调节小气候。节水灌溉技术有喷灌、微灌、滴灌等方式,其中,喷灌有固定式、半固定式和喷灌机等,微灌有旋转式、折射式和脉冲式三种,滴灌分为地表滴灌和地下滴灌。对于足球场、橄榄球场等草地运动场地,由于其用途和要求的特殊性,草坪灌溉系统的设计、安装及器材的选择有别于一般公共绿地,运动场中不能有任何高于草皮地面的障碍物,灌溉系统需采用地埋、自动升降式,系统采用自动控制,喷洒均匀度高,以满足草坪的用水要求。

(二)高效空调系统

体育建筑需要大量采用空调系统,因此空调系统的节能仍是体育建筑节能不可忽视的重要部分。

在空调系统设计阶段,正确计算各部分的参数,合理地选购设备,避免设备选型过大,这不仅可节约初始投资,也是保证设备能在最佳工况点运行从而节约运行费用的前提。

空调系统节能可分为冷热源及设备系统的节能、空调系统运行节能两个部分。冷热源及设备系统的节能主要采用热电冷三联供系统、热泵、冰蓄冷或水蓄冷、蒸发冷却等技术。对于专业训练型体育建筑,由于常年运行,负荷较为稳定,可采用热泵和蓄冷技术。热泵是通过动力驱动做功,从低温环境中取热,将其温度提升,再送到高温环境中放热的装置。热泵和蓄冷技术可在夏季为空调提供冷源或在冬季为建筑采暖提供热源,是利用可再生能源的有效途径之一。根据热源类型,热泵分为地源热泵、水源热泵和空气源热泵。蓄冷技术是指利用夜间的低价电蓄冷水或冰,到白天用电高峰期时融冰水,将所蓄冷量释放出来,满足场馆供冷的需求,实现白天空调使用少耗电或"零耗电"的目标,其作用实际上不是"节能",而是合理用能。此外,根据体育建筑特点和使用性质,还可采用热空气回收系统、高效送风末端等方式。体育建筑中空调系统运行节能主要是通过调试和正确的管理,使风机与泵达到最佳运行工况,来降低风机和水泵能耗的。变频技术投资低、节能率高,只要设计合理,运行管理得当,风机和水泵变频投资的回收期只需要1~2年。

第五章 绿色建筑设备系统节能技术

第一节 建筑空调系统节能

一、热泵技术

(一)热泵的工作原理和特点

在自然界中,水总由高处流向低处,热量也总是从高温区传向低温区。但人们可以用水泵把水从低处提升到高处,从而实现水的由低处向高处流动,热泵同样可以把热量从低温环境转移到高温环境。所以热泵实质上是一种热量提升装置,热泵的作用是从周围环境中吸取热量,并将其传递给被加热的对象(温度较高的物体),其工作原理与制冷机相同,都是按照逆卡诺循环工作的,所不同的只是工作温度范围不一样。

一台压缩式热泵装置,主要由蒸发器、压缩机、冷凝器和膨胀阀四部分组成。热泵在工作时,把环境介质中储存的能量在蒸发器中加以吸收;它本身消耗一部分能量,即压缩机耗电;通过工质循环系统在冷凝器中进行放热,由此可以看出,热泵输出的能量为压缩机做的功和热泵从环境中吸收的热量;因此,采用热泵技术可以节约大量的电能。

热泵是以冷凝器放出的热量来供热的制冷系统,被形象地称为"热量倍增器"。热泵与一般制冷机的主要区别如下:

①使用的目的不同。热泵的目的在于制热,着眼点是工质在系统高

压侧通过换热器与外界环境之间的热量交换;制冷机的目的在于制冷或低温,着眼点是工质在系统低压侧通过换热器与外界之间的换热。

②系统工作的温度区域不同。热泵是将环境温度作为低温热源,将被调节对象作为高温热源;制冷机则是将环境温度作为高温热源,将被调节对象作为低温热源。因而,当环境条件相当时,热泵系统的工作温度高于制冷系统的工作温度。

在小型空调器中,为了充分发挥它的效能,夏季空调降温或在冬季取暖都是使用同一套设备来完成的,这就存在运行模式转换的问题。热泵系统通过四通阀(换向阀)改变冷媒循环模式而实现系统工况的转变。在夏季空调降温时,按制冷工况运行,由压缩机排出的高压蒸汽经换向阀进入冷凝器,制冷剂蒸汽被冷凝成液体,经节流装置进入蒸发器,并在蒸发器中吸热,将室内空气冷却,蒸发后的制冷剂蒸汽经换向阀后被压缩机吸入,这样周而复始,实现制冷循环。在冬季取暖时,先将换向阀转向热泵工作位置,于是由压缩机排出的高压制冷剂蒸汽,经换向阀后流入室内蒸发器(作为冷凝器用),制冷剂蒸汽冷凝时放出的潜热将室内空气加热,达到室内取暖目的,冷凝后的液态制冷剂从反向流过节流装置进入冷凝器(作为蒸发器用),吸收外界热量而蒸发,蒸发后的蒸汽经过换向阀后被压缩机吸入,完成制热循环。这样,将外界空气(或循环水)中的热量"泵"入温度较高的室内,故称为"热泵"。

(二)热泵的种类

1. 空气源热泵

空气源热泵以空气作为"源体",通过冷媒作用进行能量转移。目前的产品主要是家用热泵空调器、商用单元式热泵空调机组、多联式空调机组和热泵冷热水机组。热泵空调器已占到家用空调器销量的40%～50%,多联式空调机组和热泵冷热水机组自20世纪90年代初开始,在夏热冬冷地区得到了广泛应用,而且应用范围继续扩大。

2. 地源热泵

地源热泵(也称地热泵)是利用了地下常温土壤和地下水相对稳定的

特性。冬季,热泵机组从地源(浅层水体或岩土体)中吸收热量,向建筑物供热;夏季,热泵机组从室内吸收热量并转移释放到地源中,实现建筑物空调制冷。根据地热交换系统形式的不同,地源热泵系统分为地下水地源热泵系统、地表水地源热泵系统和地埋管地源热泵系统。

地源热泵是一种在技术上和经济上都具有较大优势的解决供热和空调的替代方式。

3.复合热泵

将不同形式的热泵相互结合或将热泵与其他可再生能源利用设备集成应用可以组成效率更高的复合热泵系统。例如,太阳能与地源热泵结合、土壤热泵与地表水或地下水热泵结合、空气源热泵与水源热泵相结合都可以组成不同类型的高效复合能源系统。建筑物复合能源系统可取长补短,弥补单独采用某种热泵技术时的不足,使热泵的性能得到更充分地发挥。例如,太阳能与地源热泵复合能源系统,冬季运行时,太阳能集热器可以作为地源热泵系统的辅助热源,减少地下换热器的负担,提高制热运行效率;在不需要供暖或热负荷较低时,太阳能集热器可用来制备生活热水。夏季运行时,使用单一地源热泵系统供冷,此时太阳能集热器可以用来制备生活热水。在过渡季节,热泵系统停止使用,太阳能集热器全部用来制备生活热水。

二、空调变频技术

(一)变频调速系统的节能原理

在中央空调系统的节能改造中,变频技术起着相当重要的作用。变频器分为交—交和交—直—交两种形式。交—交变频可将工频交流直接变换成频率、电压均可调节的交流电,又称直接式变频器。而交—直—交变频器是先将工频交流电变换成直流电,然后将直流电变换成频率、电压均可调节的交流电,又称间接式变频器。

中央空调系统的水泵、风机的电机容量是按照天气最热,即热交换量最大时设计的,由于季节和昼夜温差的变化、环境气候的差异以及人员的流动,实际上很多时间热交换值远小于设计值。热交换量的大小取决于热媒流量,而流量取决于电动机的转速。若电动机的转速能根据热负荷来调整,那么电动机的功耗可大大减少,从而节约了电能。

电动机为直接启动或 Y/D 启动时,启动电流等于 3～7 倍额定电流,这样会对机电设备和供电电网造成严重的冲击,而且对电网容量要求也相应提高,启动时产生的大电流和振动对设备的使用寿命极为不利,而启、停时的水锤效应极易造成管道破裂。如果采用变频调速技术,就可通过频率调节而使电动机在很宽的范围内利用变频器的软启动功能,使启动电流从零开始,最大值也不超过额定电流。实现真正意义上的软启动,不但减轻了对电网的冲击和对供电容量的要求,而且能延长设备使用寿命,减少设备维修费用。

中央空调进行变频节能系统,需要硬件及软件技术的组合,利用矢量控制手段将动态过程响应补偿、恒转矩调压、瞬流干扰反相抑制技术综合使用。变频调速技术集同步跟踪、调压、调相、调节频率、瞬流抑制于一体,具有如下特点:①恒转矩的条件下调节控制电压,限制电流,使电动机负载处于最适当、最小、最省电力的电压和电流运行状态;②矢量控制和模糊逻辑控制的优化调频技术,具有最先进通用变频器的全部功能;③由微机采样跟踪,实现功率因数动态补偿;④瞬流干扰抑制技术,通过过滤瞬流波动可以减小其所造成的损失和干扰。

(二)变频技术在中央空调中的应用

1.中央空调末端送风的变频控制

中央空调系统在输送介质(水)温度恒定的情况下,通过改变送风量可以改变带入室内的制冷(热)量,从而较方便地调节室内温度。这样便可以根据自己的要求来设定需要的室温。调整风机的转速可以控制送风量。使用变频器对风机实现无级变速,在变风的同时,输入端的电压也随之改变,从而节约了能源,降低了系统噪声,其经济性和舒适性是不言而喻的。变风量控制的优点有:节电效果明显;降低空调机组噪声;减轻操作人员的劳动强度;变频器软启动和调速平稳,减少了对电网的冲击。其缺点是一次投入费用较大。

2.冷却塔风机系统变流量节能原理

空调主机冷却水出水的温度和流量都是跟随空调负荷变化的,冷却塔风机系统应将吸热后的冷却水通过风机强制吹风降温,使冷却水降温到设定值,再进入空调主机吸收其热量,进而进入稳态循环。当空调负荷加重时,冷却水流量增大,转移的热量增加,冷却塔风机的风量必须加大,才能充分散发冷却水的吸热量;当空调负荷减轻时,冷却水流量减小,转移的热量减少,冷却塔风机的风量减小,就能散发冷却水热量。这就是冷却塔风机系统的风量跟踪空调负荷变化的节能原理。

3.中央空调循环水泵变频控制

对冷冻水系统,其出水温度取决于蒸发器的设定值,回水温度取决于建筑的热负荷,中央空调冷冻水出水温度与冷冻水的回水温度设计最大温差5℃。现采用蒸发器的出水管和回水管路上装有检测其温度的变送器、PID温差调节器和变频器组成闭环控制系统,通过冷冻水的温差(例如$\triangle T=5℃$)控制,即可使冷冻水泵的转速随着热负载的变化而变化。对于冷却水系统,由于低温冷却水(冷凝器进水)的温度取决于环境温度与冷却塔的工况,所以只需控制高温冷却水(冷凝器出水)的温度,即可控制温差。采用温度变送器、PID调节器和变频器组成闭环控制系统,冷凝器出水温度控制在(例如37℃),使冷却水泵的转速相应于热负载的变化而变化。

(三)中央空调系统变频的控制方式

1.以压差为主的控制方式

以压差为主的控制方式即以制冷主机的出水压力和回水压力之间的压差作为控制依据,使循环于各楼层的冷冻水能够保持足够的压力,进行恒压差控制。如果压差值低于规定下限值,电动机的转速将不再下降。压差较小,说明系统负荷不大,减小水泵的转速,压差上升;压差较大,说明系统负荷较重,增加水泵的转速,压差下降。这样一来,既考虑到了系统负荷的因素,又改善了节能效果。

2. 以温差为主的控制方式

以温差为主的控制方式同样对压差进行检测,如果压差低于规定下限值,电动机的转速将不再下降,确保各楼层的管路具有足够的压力,但所不同的是这种控制方式是非恒压差控制。它的工作原理是以制冷主机的回水温度和出水温度之间的温差信号为反馈信号,使循环于各楼层的冷冻水能够保持足够的低温,进行恒温差控制。当温差较小时,说明系统负荷不大,减小水泵的转速,温差上升;当温差较大时,说明系统负荷较重,增加水泵的转速,温差下降。不管使用何种调节方法,其流量调节范围内的值不应低于系统的报警限值。严格地说,排除冷冻水在传输途中的损失的话,制冷主机的回水温度和出水温度之差表明了冷冻水从房间带走热量的多少,相比压差更能反映系统供冷负荷,应该作为控制依据,因此在控制系统中采用温差为主的控制方式。制冷主机的出水温度较为稳定,一般为设定值,其差值一般为 5℃。因此,实际上也可以只根据回水温度进行控制。采用以温差为主的控制方式,其非常适合对已有空调的变频改造。相比其他控制方式,既无须在各支路增加电动二通调节阀,又能保证系统运行的可靠性。各支路并没有采用自主调节的电动二通阀门,阀门的开度还是根据初始调节决定的。这样经过改造后的变流量系统,在用泵进行调速时,流量还是按照原先的比例进行分配。绝大多数情况下,各个房间的负荷急剧变化的情况很少出现,可以近似认为是相似工况,所以按照过去的比例分配流量是可行的。

采用以温差为主的控制方式将定流量系统改造为变流量系统有以下优点:

①改造费用低。可利用原有阀门,节省电动二通阀的费用,更重要的是没有改变管路的原有特性。在经过校核计算冷冻机最小流量的前提下,设定泵的转速的最小频率,不需要增加二次泵。

②施工难度低。不需要对系统进行大的改造,全部改造在机房内就可完成。

③运行管理和维修保养相对简便。由于改造涉及部分只有变频器、

温度和压传感器等少数设备,并不增加管理人员的工作量。

④制冷机和水泵有多台,至少有一台可做备用的。

⑤系统的出回水温差大多数时间小于设计温差,末端设备多数时间在低速就可满足绝大多数工况。

⑥各个房间负荷快速变化的情况较少。

由上述分析可知,以温差为主的控制方式是一种相对简便有效的变流量控制方式。而且由于电动机的功率与频率或转速的三次方成正比,从理论上讲,在采用变频器之后,如果水系统的流量下降为水泵工频时的70%,那么水泵电动机的功率就只有工频时的 34.3%,能耗下降十分明显,因而变频改造之后有很大的节能潜力。

以温差作为被调量,在设计上要考虑管路的传热时间延迟、房间存在的热惰性和末端设备的非线性,整个管网构成了具有惯性、延迟、非线性的复杂系统,其控制上考虑的因素比进行单纯的流量控制复杂。

在确定以温差为主的系统控制方式之后,要研究如何根据温差对水泵频率进行控制,做到既保证供冷负荷,又使水泵频率尽量降低,从而实现节能的目的。

(四)变频适用的环境条件

在中央空调自动控制系统中,通常为了节能才使用变频器,而且其基本上都用于控制水泵和风机。选择变频器时,应遵循与电动机相匹配的原则,即变频器的输出功率是不能低于电动机功率的,尤其是在负载的启停过程中就更加重要。只有在水泵和风机都处于满载的状态下,但仍然不能满足负载要求时,才开启另一台水泵或风机。因此,虽然变频器的运行是为了节能,但仍然存在满载的运行状态的可能性,否则节能效果就不能达到满意的程度。

(五)变频压缩机简介

变频压缩机是指相对转速恒定的压缩机而言,通过一种控制方式或手段使其转速在一定范围内连续调节,能连续改变输出能量的压缩机。变频压缩机可以分为两部分:一部分是变频控制器,就是常说的变频器;

另一部分是压缩机。变频控制器的原理是将电网中的交流电转换成方波脉冲输出。通过调节方波脉冲的频率(调节占空比),就可以控制驱动压缩机的电动机转速,频率越高,转速也越高。变频控制器还有一个优点:驱动电动机启动电流小,不会对电网造成大的冲击。

传统空调压缩机依靠其不断地"开、停"来调整室内温度,其一开一停之间容易造成室内忽冷忽热,并消耗较多的电能。变频空调则依靠调节空调压缩机转动的快慢达到控制室温的目的,室温波动小,电能消耗少,那么舒适度就会高。运用变频控制技术的变频空调,可根据环境温度自动选择制热、制冷和除湿运转方式,使居室在短时间内迅速达到所需要的温度,并在低转速、低能耗状态下以较小的温差波动实现快速、节能和舒适的效果。变频空调的核心是变频器,它通过对电流的转换来实现电动机运转频率的自动调节,把 50Hz 的固定电网频率改为变化的频率;同时使电源电压范围增大,彻底解决了由于电网电压不稳而造成空调器不能工作的难题,使空调完成了一个划时代的变革。

变频空调通过提高空调压缩机工作频率的方式,增大了在低温时的制热能力,最大制热量可达到同类空调器的 1.5 倍,低温下仍能保持良好的制热效果。此外,一般的空调分体机只有四档风速可供调节,而变频空调器的室内风机自动运行时,转速会随空调压缩机的工作频率在 12 档风速范围内变化,由于空调风机的转速与空调器的能力配合较为合理,实现了低噪声的宁静运行,最低噪声只有 30dB 左右。变频空调在每次开始启动时,先以最大功率、最大风量进行制热或制冷,迅速接近所设定的温度后,空调压缩机便在低转速、低能耗状态下运转,仅以所需的功率维持设定的温度,这样不但温度稳定,还避免了空调压缩机频繁启停所造成的对寿命的衰减,而且耗电量大大下降,实现了高效节能。

三、蓄冷空调技术

(一)蓄冷技术的分类及特点

蓄冷空调系统是在传统空调系统中加装一套蓄冷装置形成蓄冷循环

后的空调系统。

从热力学角度分析,蓄冷空调的蓄冷方式基本上有两种:一种是显热蓄冷,它是在蓄冷介质状态不变的情况下,使其降温释放热量后蓄存冷量的方法;另一种是潜热蓄冷,它是在蓄冷介质温度不变的情况下,使其状态变化释放相变潜热后蓄存冷量的方法。

蓄冷系统工作模式有两种:一种是全量蓄冷工作模式;另一种是分量蓄冷工作模式。全量蓄冷工作模式是利用非空调时间储存足够的冷量来供给全部的空调负荷,将用电高峰期的空调负荷全都转移到电网负荷的低谷期;分量蓄冷工作模式是利用非空调时间蓄存一定的冷量,在用电高峰期制冷机仍然工作直接供冷,同时利用非空调时间蓄存的冷量供给部分的空调负荷,将用电高峰期的空调负荷部分地转移到电网的低谷期。

根据蓄冷介质的不同,蓄冷系统分为三种基本类型:第一类是水蓄冷,即以水作为蓄冷介质的蓄冷系统;第二类是冰蓄冷,即以冰作为蓄冷介质的蓄冷系统;第三类是共晶盐蓄冷,即以共晶盐作为蓄冷介质的蓄冷系统。水蓄冷属于显热蓄冷,冰蓄冷和共晶盐蓄冷属于潜热蓄冷。

水的热容量较大,冰的相变潜热很高,而且都是易于获取和廉价的物质,是采用最多的蓄冷介质,因此水蓄冷和冰蓄冷是应用最广的两种蓄冷系统。

蓄冷中央空调系统与传统中央空调系统相比,最突出的特点是:可全部或部分地转移制冷设备的运行时间,从而能较大幅度地降低电网的高峰负荷、充填低谷负荷、进行移峰填谷,是终端用户移峰填谷的主要技术手段。一方面,对于供电方来说,提高了电网运行的可靠性和经济性,降低了供电成本;另一方面,对于需电方来说,使空调用电避开了电网负荷高峰时段的高价电力,充分利用了负荷低谷时段的廉价电力,节省了电费开支。对于供电资源短缺的电网来说,还可以部分地缓解其电力供应的压力,对于负荷增长较快的电网来说,会减少其增建电厂和输配电系统的电力投资。对于要求较高的空调用户,采用蓄冷空调相当于设置一个备用冷源,一旦临时停电可作为应急冷源。

蓄冷空调能给电力供需双方带来更多的功效,为供需双方开展合作共同、推动蓄冷空调的应用创造更多的机会。随着市场经济的发展和劳动、生活条件的改善,电网负荷的峰谷差还会增大,尤其是南方大中城市的空调负荷占地区电网的 20%～40%,其中中央空调将占相当大的比例,利用蓄冷空调降温必将成为需求方管理在节约电力方面一个重要的技术支持手段。

蓄冷空间也存在明显的欠缺:一是它的系统运行效率比传统中央空调要低,主要是增添了蓄冷系统后增加了换热、传热和工质损失,制冷效率下降;二是它的占地比传统中央空调要大,主要是增加了蓄冷设备及其管路和附属部件等。

1. 水蓄冷空调

水蓄冷是利用水的显热进行冷量储存。水蓄冷空调是利用 4℃～7℃的低温水进行蓄冷,主要特点是制冷效率高、蓄冷设备简单、易于改造、见效快。

①传统中央空调的制冷机、风机、水泵、空调箱、管路等主要部件不必更换,可直接使用;②以水作为蓄冷介质,获取方便,价格低;③不需降低制冷机的蒸发温度,制冷深度不变,可保持较高的制冷效率;④蓄冷设备比较简单,容易将传统中央空调系统改造为水蓄冷空调系统,投资少,工期短,见效快。

水蓄冷空调的主要缺点是蓄冷介质的蓄冷密度低,蓄冷设备占地大、蓄冷效率低。理论上,在水和冰两种蓄冷介质同样体积下,冰蓄冷能力约为水蓄冷能力的 15 倍。因此,在提供相同蓄冷量的条件下,水蓄冷设备占地要比冰蓄冷设备占地大得多,因而受场地条件约束大。若能够与蓄水池共用,不但可以节省占地,而且可以减少投资。另外,水蓄冷的蓄冷槽内不同温度的冷冻水易于掺混,且受庞大蓄冷槽的水表面散热损失较大等因素的影响,其蓄冷效率偏低。

2. 冰蓄冷空调

冰蓄冷是利用冰的相变潜热进行冷量储存。由于冰的蓄冷密度高,其蓄冷槽的体积比水蓄冷槽大为减少,冰蓄冷槽的冷损失比水蓄冷槽小。

冰蓄冷空调的主要特点是蓄冷密度大,蓄冷能力强,蓄冷效率高,并可实现低温送水运风,水泵和风机容量较小。

①由于其蓄冷介质的蓄冷密度大,所以蓄冷设备占地比水蓄冷设备占地小得多,这是一个相对有利的条件。

②冰蓄冷设备内的蓄冷温度比水蓄冷设备内的蓄冷温度低,蓄冷设备内外温差大,但其外表面积远小于水蓄冷设备的外表面积,故而散热损失低,蓄冷效率高;综合考虑各种因素的影响,冰蓄冷槽的跑冷量为其蓄冷量的 1%～3%,而水蓄冷槽为 5%～10%。

③冰蓄冷可提供低温冷冻水和低温送风系统,使得水泵和风机的容量减少,也相应地减小了管路直径,有利于降低蓄冷空调的造价。

④临时停电时,冰蓄冷系统可以作为一个蓄冷库充当应急冷源。

冰蓄冷空调的主要缺点是在蓄冷工况时的制冷效率低,制冷能力下降。一般制冷剂的蒸发温度每下降 1℃,系统的制冷功率要下降 3%。水蓄冷空调制冷机制冷剂的蒸发温度与传统式中央空调相同,一般为 2℃～3℃,而在蓄冰工况时制冷剂的蒸发温度一般为 -7℃～-8℃,大致相差10℃。因此,相同容量的制冷机,冰蓄冷的制冷能力要下降 30% 左右,即相当于水蓄冷空调制冷机容量的 70%。理论上,在环境条件不变的前提下,蓄冷工况的单位冷吨用电量,冰蓄冷约为水蓄冷的 1.43 倍。应当指出:蓄冷用电量是填谷电量,既可以缓解电网压力,又有利于平稳系统负荷;对用户来说,从移峰填谷电价差中所获得的收益,往往高于效率损失的花费。此外,冰蓄冷系统的装置比较复杂,操作技术要求高,投资也比较大,施工期也比较长,更适合于在大中型新建建筑物中使用。

3. 共晶盐蓄冷系统

共晶盐蓄冷是潜热蓄冷的另一种方式。共晶盐蓄冷介质是由无机盐、水、成核剂、稳定剂组成的混合物。在空调蓄冷工程中较常用的是相变温度为 8℃～9℃ 的共晶盐蓄冷材料,其相变潜热约为 95 kj/kg。将此蓄冷材料装在球形或长方形的密封体里,并堆积在有载冷剂(或冰冻水)

循环通过的储槽内组成蓄冷装置。目前国外已开发出多种结冰温度的共晶盐蓄冷材料。这些盐的结冰温度分别为 5℃、8℃、10℃。对用于蓄冷介质的共晶盐,要求具有溶解潜热量大、导热系数高、密度大和无毒、无腐蚀性等特性。

对于共晶盐蓄冷系统来说,因其相变温度在 0℃ 以上,所以采用它可以克服冰蓄冷要求很低的蒸发温度的缺点。我们可直接使用普通的空调冷水机组,将现有空调系统改造成蓄冷空调系统,这样就节省了投资和运行费用。另外,由于共晶盐蓄冷材料的释冷温度较高,目前较理想的共晶盐材料品种单一,价格较高,应用场合受到一定的限制。

共晶盐蓄冷系统可使常规冷水机组提供的 5℃ 冷水对蓄冷槽蓄冷。由于蓄冷系统一般用于负荷相对较大的场合,所以主机用离心式冷水机组较多。当然,往复式冷水机组和螺杆式冷水机组中也有使用,蓄冷系统只要加一个蓄冷槽和相应的管道及一些辅助设备,就可以连到现有的空调系统中了,且现有的空调系统无须改动或改动很少。

(二)空调蓄冷的应用条件与范围

空调蓄冷是一种重要的节能措施,但其节能效果和经济效益会随着具体条件的不同而有很大范围的变化,在使用时应特别注意。

空调蓄冷的应用条件与范围如下:

①空调蓄冷特别适用于间歇空调以及峰谷负荷差较大的连续运行空调系统,如办公大楼、影剧院、体育馆、图书馆、机场候机楼、乳品加工厂、宾馆、饭店、旅馆以及非三班制的工厂车间等。尤其是空调峰值负荷与电网峰值负荷同时或接近同时出现时,更为适用。

②夜间谷值电价低,且峰谷电价差价越大时,空调蓄冷的节能效果和经济效益将越显著。

③水蓄冷时,可采用任何形式的制冷机作为冷源,而冰蓄冷时宜采用活塞压缩式、螺杆式等制冷机,以保证其蒸发温度达到 -15℃～-10℃ 的制冷工况要求。当采用冷水机组时,应考虑到与蓄冷槽的系统连接。

④当采用冰蓄冷时,还应考虑到是否有适合的蓄冷槽或空调冰蓄冷

机组产品,或自行设计和加工这些产品。

⑤当采用空调蓄冷系统时,应当进行设计工况及运行工况的能耗分析,并对各工况进行优化,以期达到最大可能的节能效果,并获得最大的经济效益。

⑥当采用空调制冷时,应当配备具有一定技术水平的运行管理人员,有条件时,可采用计算机管理和控制。

综上所述,在考虑采用空调蓄冷时,只有十分注意具体的应用条件,根据空调负荷的特点进行能耗分析和优化设计,并加强管理,方能达到最佳的节能效果和最大的经济效益。

四、地板供暖技术

(一)地板供暖的概念及分类

地板供暖的全称为低温地板辐射供暖,通常简称为地暖。低温地板辐射供暖是通过埋设于地板下的加热管——地暖专用管或发热电缆,把地板加热到表面温度18℃～32℃,均匀地向室内辐射热量而达到采暖效果。常见地暖的种类有水地暖、电地暖和碳晶地暖,其中电地暖和水地暖在世界上已经使用多年,特别是水地暖,它的历史甚至可以追溯到2000年前的古罗马以及土耳其等国。

水地暖通过埋设于地面内的热水(≤60℃)盘管,把地面(水泥、瓷砖、大理石、实木复合地板、强化地板)加热,以整个地面作为散热面,用对流的热传递方式,均匀地向室内辐射热量,是一种对房间微气候进行调节的节能采暖系统。

电地暖和水地暖的工作原理一样,只不过热媒不一样,使用效果也有所差别。电地暖是将外表面允许工作温度上限为65℃的发热电缆埋设在地板中,以发热电缆为热源加热地板,以温控器控制室温或地板温度,实现地面辐射供暖的供暖方式,主要有舒适、节能、环保、灵活、不需要维护等优点。

碳晶地暖是一种新型的地暖种类,碳晶地暖系统的全称是碳素晶体地面低温辐射采暖系统,碳晶地暖是以碳素晶体发热板为主要制热部件而开发出的一种新型地面低温辐射采暖系统。碳晶地暖系统充分利用了碳晶板优异的平面制热特性,采暖时整个地(平)面同步升温,连续供暖,地面热平衡效果好。

(二)地板供暖的特点

1.地板供暖的优点

①提高了室内环境的舒适度。低温地板供暖给人以脚暖头凉的舒适感,符合人体的生理学调节特点。热容量大,热稳定性好。

②节约能源。低温地板供暖可以在比室内正常设计温度低 2℃～3℃的情况下达到对流散热供暖相同的舒适度,比传统的采暖方式要节约能源。另外,低温地板辐射采暖可方便地实现分户热计量控制。

③扩大了房间的有效使用面积。采用暖气片采暖,一般 100 m² 占有效使用面积约 2 m²,而且上下立横管多,给用户装修和使用带来不便。

④对热能温度要求不高。当热能温度低于 50℃ 时,有较强的适应性。

2.地板供暖的缺点

①初投资较大。由于地板采暖管材(铰链管、铝塑管)价位较高,初投资较大。

②层高及荷载增加。由于地板采暖管敷设于地板上需占用 60～100 mm 的层高,为保证建筑物的净高,必须提高层高,这就导致了结构荷载增大。

③土建费用增加。因地板采暖管敷设于地板内,增加了地板厚度 60～100 mm,所以楼板荷载增加多达 2.4 kN/m²,相应地,建筑物层高增加,梁柱截面和结构荷载增大,地基处理复杂,土建费用提高。

④可维修性较差。由于地板采暖属隐蔽性工程,一旦加热盘管渗漏或堵塞,维修工作就相当麻烦。但可采取有效措施克服这一缺点,如隐蔽加热盘管、不允许有接头、管网系统中加过滤器等。

(三)关于地板供暖的节能问题

地板供暖与散热器采暖相比,具有一定的节能效益。

①地板辐射供暖房间的室内空气平均温度要低于对流采暖房间的空气温度,这就降低了房间热负荷。

②地板辐射供暖采用低温热水技术,而温度较低的热水在传输过程中比散热器传输时散热损失小。

③可利用低位能源,如余热、太阳能等,节约高位能源。

④散热器置于窗下靠墙,会有一小部分热量短路至室外,而地板供暖没有这一弊端。

⑤当冬季进行通风时,由于室内外温差较对流系统的温差小而节约能量。

但需说明的是,地板的加热能力通常会比房间热负荷大,若不对房间温度实行严格控制措施,则有些用户可能会超标准用热而造成额外能耗。

地板供暖具有舒适、节能、不占室内面积等优点,随着建筑保温程度的提高和管材质量及施工水平的提高,其使用日益广泛。特别是配合太阳能集热系统、水源热泵系统使用时,更具节能与环保意义。由于地板供暖系统与生活热水往往同一热源,可节省设备投资,有利于系统布置。对于夏季不太炎热、较为干燥的地区或仅要求一定程度降温的场合,其可考虑同时使用夏季地板供冷,管路系统共用,冷、热源可使用同一热泵,节省设备投资。

五、辐射吊顶技术

(一)辐射吊顶技术的类型

辐射吊顶通常与新风系统匹配,能够提高人体的热舒适性,并且具有较明显的节能效果。与传统空调相比,其可节能 30%~60%。我国也有推行辐射吊顶系统的条件。许多暖通空调工程师及房地产开发商对这一新型空调末端装置表现出极大的兴趣。但目前辐射吊顶的推广仍然很缓慢,仅用于一些高档楼盘和办公楼。造成这一现象的主要原因是辐射吊顶的应用还涉及水处理、热交换、空气除湿、自控等多个专业,人们对这一新的概念缺乏了解,对这一空调末端技术的特性参数缺乏了解,这一新型空调缺乏常规空调系统的估算值。

辐射吊顶分为三种类型:混凝土板预埋管冷吊顶、毛细管网栅冷吊顶和金属辐射板冷吊顶。

1. 混凝土板预埋管冷吊顶

混凝土预制辐射板是沿袭辐射楼板思想而设计的辐射板,是将特制的塑料管或不锈钢管在楼板浇筑之前排布并固定在钢筋网上,浇筑混凝土后,就形成"水泥核心"结构。这种辐射板结构工艺较成熟,造价相对较低。考虑到初投资问题,目前国内管材主要采用聚丁烯管材。聚丁烯管材无论是从耐温、耐压方面还是从施工性能方面而言,均有其他管材无法比拟的优点。由于混凝土楼板具有较大的蓄热能力,可利用该辐射板实现蓄能。混凝土板的换热能力(热工性能、供热供冷能力)的主要影响因素为供水温度和埋管间距,埋管管径和管子埋深对其影响不大。通常,冷水进水温度为 16℃~20℃,埋管间距宜取 100~250 mm,埋管管径宜取15~30 mm,管子埋深宜取 30~100 mm,混凝土板供冷能力为 30~45 W/m²。

混凝土辐射末端为目前国内主要采用的辐射末端,通过合理地设计辐射系统与新风系统的匹配,采用新风系统来弥补混凝土辐射末端供冷能力的不足。另外,可通过调节新风系统来弥补该末端使用过程中难以调控的不足。

2. 毛细管网栅冷吊顶

毛细管网栅为毛细管的模块化产品,网栅可以根据安装应用需求,做成相应的尺寸,安装灵活多变,既可用于新建建筑也可用于既有建筑,其材质为聚丙烯共聚物。聚丙烯共聚物是一种高分子物质,具有很强的耐温能力、硬度和抗张强度。毛细管网栅产品具有高延展性,抵抗能力强。如果设计和安装准确,其寿命周期可超过 50 年。管道平滑无孔,表面不粗糙,这样可减少壁面阻力,减少压力损失。通常毛细管管径为 3.0~6.5 mm,壁厚为 0.5~1 mm,集管管径为 16~20 mm,壁厚为 2.0~3.5 mm。系统运行压力为 400～2000 kPa。毛细管网宽幅一般在 1.2 m 以下,长度可达 6 m。一般根据建筑房间的尺寸和设计长度,由工厂定做。毛细管组集管之间采用专用设备热熔连接。毛细管平面辐射供暖/制冷系统末端是将毛细管组网水平敷设在房间的顶棚、墙壁或者地面上。顶棚可做成石膏板吊顶或直接用水泥砂浆抹平,也可做成金属吊顶。毛细管网栅冷吊顶供冷能力为 55～95 W/m。

3.金属辐射板冷吊顶

金属辐射板冷吊顶单元是以金属为主要材料的模块化辐射板产品,适合安装于各种常用规格的金属顶棚板内,也可用于开放式系统或是和龙骨式吊顶相结合。金属辐射板冷吊顶单元单位面积供冷功率大,运行成本低。但是金属辐射板冷吊顶单元质量大,耗费金属多,价格偏高,表面温度不均匀。辐射面板一般采用具有小孔的金属板,用来增强对流,同时具有吸声功能。金属辐射板冷吊顶的供冷能力为 80～110 W/m^2。

毛细管网末端和金属辐射末端对水温变化响应的灵敏度高,较混凝土末端具有较小的延迟性,为实现真正意义上的室温单独控制带来可能。目前限制的主要因素是对这一系统缺乏真正意义上的了解,设计施工不够成熟,毛细管、金属辐射板材以及露点控制系统价格高。因此,加大对毛细管末端和金属辐射末端的性能研究,以及毛细管管材及相应露点控制系统的国产化研发,将促进毛细管末端和金属辐射末端在我国的应用及扩展。

(二)空调效果对比分析

辐射换热对人体的舒适感具有重要意义,冷吊顶辐射供冷弥补了传统空调中以对流制冷为主的不利因素,增加了人体的辐射热量,有助于提高人体舒适度。另外,冷却顶板使得人的头部冷,脚部暖,更符合人体的舒适性。采用冷却吊顶时,用户可在相对较高的室内温度下感到舒适,辐射末端冷吊顶冷媒和环境之间的热阻小,具有传热好、温度匀、质量小的特点。管内水流速度较慢,为 0.1～0.2 m/s,系统运行时噪声较低。毛细管网能够提供非常连续的温度,没有温度波动。这就意味着每一个用户可以拥有同样的空调条件,而传统空调存在室内舒适不均匀的特点。毛细管网可以在较短的时间内实现温度调节,几分钟后室内温度明显改变。毛细管网辐射末端制冷较快,容易出现结露现象。据调查,目前的毛细管项目中,靠近门的位置容易出现结露现象。设计时要特别注意门厅,因为门厅人流量大,湿度难以控制,而且围护结构有冷热桥。

金属辐射面板一般采用铝材料,密度小而导热性能好,表面具有微穿孔以消除噪声和增强传热;背面使用 U 形塑料弯管作为循环水通道。金属辐射板的主要优点是美观大方、易于与装修配合,可以直接作为吊顶装饰面使用,适合较高档办公楼的空调选择。从辐射供冷理论上讲,金属辐射板相对于混凝土预制辐射板和毛细管网栅可提供更强的供冷能力。但由于结露,其循环水进口水温不能低于室内设计空气状态的露点温度,因此在高湿地区供冷能力得不到最大限度地发挥。但是金属吊顶板是三种辐射供冷中制冷最快的一种,负荷的反应迅速灵敏,一般不超过 5 min。

(三)启停控制及运行调控

由于混凝土楼板具有较大的蓄热能力,系统惯性大、启动时间长、动态响应慢,有时不利于控制调节,需要很长的预冷或预热时间。系统整体可以调温差,单个用户不能调节。可通过调节新风系统,来满足部分负荷下室温的调节以及人体的个性化需求。

毛细管网辐射末端对供水温度反应敏感,响应快,每一单独区域可配合自动调温器自行调节,调节效果明显,几分钟后室内温度明显改变。

与毛细管网辐射末端一样,金属板辐射吊顶对供水温度反应灵敏,可以实现灵活控制及运行调控。

(四)露点控制

防结露问题一直是辐射冷吊顶应用关注的焦点问题,也是辐射冷吊顶在我国推行受到许多业主质疑的问题。特别是在我国南方高湿地区,冷吊顶的结露问题尤为突出,做好防结露工作至关重要。欧洲国家主要配置露点传感器控制冷吊顶水路来解决结露问题,但这一方法主要针对毛细管冷吊顶及金属板冷吊顶。我国目前辐射末端主要采用混凝土预埋管辐射末端。由于混凝土预埋管辐射末端的延迟滞后特性,反应缓慢,采用国外露点控制器的方法并不合理。合理地设计新风系统及系统控制策略是关键。新风系统设计必须满足除湿要求。系统启动时,应先启动新风系统降低室内含湿量,再启动辐射系统,辐射系统运行时,新风系统必须同时进行。对于室内湿量突增等突发现象,应当对新风系统设置传感器,根据室内湿量的变化调节新风除湿量。

对于毛细管网冷吊顶及金属板冷吊顶,设置露点传感器控制冷吊顶是防结露的主要措施。露点传感器的控制方法主要有两种:一种是定水温。当吊顶温度低于室内露点温度时,通过露点控制器关闭冷吊顶。另一种是变水温。定水温操作模式的不利之处是当吊顶表面存在结露时,必须关闭吊顶。采用变水温的控制方法时,供水温度的增加会使得吊顶供冷能力下降,但冷吊顶不需要关闭。另外,在热湿天气中,为避免人员经常开窗,受室外湿空气的影响,窗户处可配置感应器。

即使将冷吊顶与通风系统结合使用,安装露点控制器这一安全措施仍然必不可少,这是因为通风系统由于损坏、关闭等问题出现故障时,系统仍然存在泄露的可能。

对于金属冷吊顶,另一种简单可行的方法是对辐射板表面进行憎水层工艺处理,它充分利用了自然界"荷叶效应"原理,通过增加物体表面的粗糙度,来提高水滴与辐射板表面的接触角,减小了板面与水珠之间的接触面。由于吊顶表面与水珠形成的表面张力不足以克服水珠本身的重力,故空气中的水蒸气无法凝结在辐射板表面上。

第二节　建筑热水系统节能

一、热泵热水器

(一)热泵热水器的分类与特点

热泵热水器是通过热泵循环产生热水的装置。其中,家用热泵热水器由于良好的节能效果与应用前景,得到广泛关注,其应用逐步扩展开来,成为新一代最有前途的热水器。热泵热水器运用逆卡诺循环原理,通过压缩机做功,使工质产生物理相变(气态—液态—气态),用这一往复循环相变过程不断吸热和放热,由吸热装置吸取空气中的热量,经过热交换器使冷水逐步升温,制取的热水通过水循环系统送至用户。热泵热水器主要组成部分也分为压缩机、蒸发器、冷凝器、节流器和风机。蒸发器和冷凝器均是换热器设备,而节流器主要为膨胀阀。根据热媒的不同,目前的热泵热水器分为空气源热泵热水器、水源热泵热水器和地源热泵热水器。此外还有太阳能热泵热水器等。

(二)空气源热泵热水器

空气源热泵热水器目前是市场的主流。空气源热泵的热源来自环境中的空气,蒸发器从环境空气中吸收热量,通过压缩机将热量传递给另外一侧的水介质,从而得到热水。

空气源热泵热水器的主要缺点是:①空气的比热较小,换热过程中需要较大的换热器面积。②空气参数(温、湿度)随地域和季节、昼夜均有很大变化,其变化规律对空气源热泵的设计与运行有重要影响。③空气流经蒸发器被冷却时,在蒸发器表面会凝露甚至结霜(低温时)。蒸发器表面微量凝露时,可增强传热效率50%～60%,但阻力有所增加。当蒸发器表面结霜时,不仅流动阻力增大,而且热阻随霜层的增加而提高。环境温度低、相对湿度高时易结霜。当室外温度很低,且空气中含湿量比较低时,结霜并不严重。除霜时,热泵不仅不供热,还要消耗热量。

空气源热泵热水器主要有以下优点:①空气源充足,空气能广泛存在,可以自由提取和利用,不受限制,特别适合用于普通家庭。②运行时无任何排放及污染,符合环保要求,由于空气一般不具有腐蚀性,因此换热设备不需要特殊处理。③热泵热水器的结构简单,设计和使用非常方便,运行可靠。

基于以上特点,目前家用热泵热水器一般为空气源热泵热水器。空气源热泵热水器安装不受建筑物或楼层限制,使用不受气候条件限制,既可用于家庭的热水供应,也能为单位集体供应热水。

(三)水源热泵热水器

水源热泵热水器的热源来自水。蒸发器从水中吸收热量,通过转换将冷凝器中的水温升高来制热水的设备,称为水源热泵热水器。热泵机组从地下水、废热废水、空调冷却水、空调冷冻水中提取热量,加热自来水至50℃～60℃,其能效比高于空气源热泵20%～30%,运行更加节能。水源热泵热水器的最大特点在于机组不受空气环境温度的影响,一年四季运行稳定。其产热水量不受天气变化的影响,对设备和使用环境的要求要高于空气源热泵热水器。只要具备10℃左右的水源场所,此类热水器均可使用。

水源热泵热水器的优点是:①水的比热容大,传热性能好,因而换热设备较为紧凑。在同样的换热能力条件下,水源热泵需要的换热设备尺寸小。②水温一般较稳定,特别是地下水资源,从而使热泵运行性能良好。

水源热泵热水器的缺点是:①必须靠近水源,或必须有一定的蓄水装置。②对水质有一定的要求,输送管路和换热器的选择必须经过水质分析,才能防止可能出现的腐蚀。③在选用换热设备方面,需要考虑采用比较耐腐蚀的材料,这样会增加设备的成本。

可供热泵作为低位热源用水包括地表水、河川水、湖水、海水等和地下水(深井水、泉水、地下热水等)。无论是深井水还是地下热水,都是热泵的良好低位热源。地下水位于较深的地层,因隔热和蓄热作用,其水温随季节气温的变化较小,特别是深井水的水温常年基本不变,所以对热泵运行十分有利。大量使用深井水会导致地面下沉,最终造成水源枯竭。因此,如以深井水为热源可采用"深井回灌"的方法,并采用"夏灌冬用"和"冬灌夏用"措施。

(四)地源热泵热水器

地源热泵热水器采用地下土壤作为热源,蒸发器从土壤中吸收热量,通过热泵循环,制备生活或工业热水。土壤热源的主要优点是温度稳定,不需通过采用风机或水泵采热,没有噪声,也不需要进行除霜。但由于土壤的传热性能欠佳,需要较多的传热面积,所以占地面积较大。此外,在地下埋设管道时成本较高,运行期间产生故障时不易检修。土壤受热干燥后,其导热能力显著下降,夏季难以向外排热,成为不可逆的运行。埋入土壤中的导管可以是金属管或塑料管。通常不直接使热泵工质进入地热盘管,而多用盐水、乙二醇等载热介质在管道中循环。

土壤的传热性能取决于其热导率、密度和比热容。潮湿土壤的热导率比干燥土壤大很多,当地下水位高而使埋管接近或处于水层中时,土壤的热导率大为提高,如地下水流动速度增加,传热性能还会提高。当换热器附近的土壤冻结时,不仅使得导热率增大,而且冷冻土的膨胀性使得土层与管表面接触紧密,有助于增强传热效果。

(五)太阳能热泵热水器

太阳能作为热泵热源的应用实际上是指热泵与太阳能供热的联合运行。热泵与太阳能供热的实施可以有间接方式和直接方式。间接方式是先将太阳能的热量吸收进蓄热槽内,然后进行循环。对于直接方式,太阳能的集热板本身就是热泵的蒸发器。在不同季节的白天和晚上,均可采用蓄热和放热的方式提供冷量与热量,称为太阳能热泵装置。由于太阳能热泵热水器集成了太阳能技术和热泵技术,其节能效果更好,但是技术难度和设备投资方面均比空气源热泵热水器要高。目前,对于太阳能热泵热水器的研究工作,国内外开展得较多。

无论是空气源热泵热水器还是水源热泵热水器,节能是其最大的优点,特别是当前我国能源形势紧张,节能和环保是社会和国民经济发展长期重点考虑的目标。热泵热水器从根本上消除了电热水器漏电、干烧及燃气热水器工作时产生有害气体等安全隐患,克服了太阳能热水器阴雨天不能工作等缺点,除具有高效节能、安全环保、全天候运行、使用方便等诸多优点外,压缩机能在制热工况下工作十几年,使用年限远高于其他类型的热水器。与目前市场上的其他热水器相比,热泵热水器具有其他热水器无法比拟的优点。与电热水器相比,热泵热水器可节电 75%,且在运行过程中不像电热水器一样会出现漏电等安全问题;与天然气和锅炉热水器相比,其能源成本不仅大大降低,而且不污染环境。

二、热电冷联产技术

(一)外燃烧式热电冷联产

外燃烧式热电冷联产系统是由锅炉产生高压高温蒸汽,利用汽轮机将蒸汽的热能转变为机械能,并带动交流发电机发电。汽轮机的抽汽或排汽对外供热和驱动吸收式制冷机制冷。此外,该系统还可有如下变化:用制冷压缩机取代交流发电机,或在抽汽式汽轮机的抽汽处装第二台带动制冷压缩机的汽轮机。

热电冷联产提高了设备利用率,但是与凝汽式发电相比,供热汽轮机组电效率降低,外燃烧式热电联合生产热能是以发电量的减少为代价的。

利用联产热供暖供冷与用锅炉或直燃热相比总是节能的。总体上,利用外燃烧式热电冷联产的热能供热制冷,需要汽轮机有较高的进气压力和热驱动制冷机较高的性能系数,才能与具有较高性能系数的电动制冷机和热泵相竞争。汽轮机直接拖动的压缩式制冷一次能耗率取决于制冷机的 COP,与电动制冷类似。

(二)内燃烧式热电冷联产

在内燃烧式热电冷联产系统中,内燃机或燃气轮机通过一或两个轴,向交流发电机和/或制冷,压缩机提供机械能。由自动调节系统调节交流发电机和制冷压缩机提供能量的比例。内燃机或汽轮机的排汽余热可以直接或间接(通过余热锅炉)用于供热及吸收式制冷机组制冷。回收排汽余热所得蒸汽也可先带动汽轮机发电或产生机械功,构成燃气—蒸汽联合循环,进一步提高热能动力装置的效率。然后由汽轮机的抽汽或排汽供热,或由吸收式制冷机组制冷。

内燃烧式热电冷联产热能是从回收燃气轮机或内燃机排出的烟气或冷却汽缸的余热所得。若未采用燃气—蒸汽联合循环,既不影响发电量又提高了热能利用率,所以可视为废热利用,从能源的有效利用来看比外燃烧式热电冷联产更为有利。

在区域供热和供冷应用中有条件地以内燃烧式或燃气—蒸汽联合循

环联产装置取代外燃烧式联产装置是一种趋势。当然还需针对不同供能对象和负荷条件进行设计,解决好能量利用的合理性与用户条件的现实性的矛盾,才能收到预期的节能效果。

三、空调与热水器一体化技术

空调热水器是一种集普通空调器和热水器功能于一身的多功能电器设备。这种近年来新推出的新型电器设备在宾馆、饭店等商业公共建筑中正在推广应用。同时将热水器和空调器合二为一节约了大量的原材料,能为我国构建资源节约型、环境友好型社会做出有力贡献。更重要的是其高效节能的优良运行性能既能大大提高我国广大居民的生活品质,更是我国节能减排、保护环境行动的巨大潜在推动力。

空调热水器应用热泵原理技术,通过消耗少量电能,把空气中的热量转移到水中制取热水。空调热水器除夏季制冷、冬季制热的空调功能外,还有一年四季都产生热水的热水器功能。

家用空调热水器设计应注意的几个问题:①为适应空调室外机安装位置的需要,家用空调热水器的水箱最好设计成压力膨胀式。如果室外机安装位置能满足热水用水的压力要求,可以选用开放式水箱。②如果要求热水温度大于45℃,可以将电磁阀温控器温度调节到所需温度值,但应明确提高水温需要延长空调运行时间。③由于制冷压缩机内的润滑油油位是由生产厂家根据其设计的换热面积确定的,在增加了热回收水箱后,将引起润滑油油位降低,故对该系统,应适当增加润滑油,制冷剂填充量也应增加。④由于在热回收用冷凝器内存在制冷剂泄漏至水中的可能,此系统仅适用于洗涤、淋浴等非饮用场合。

第三节　建筑热回收技术

一、建筑排风热回收

在空调通风系统中,新风能耗占了较大的比例。例如,办公楼建筑新风能耗可占到空调总能耗的 17%～23%。建筑中有新风进入,必有等量的室内空气排出。这些排风相对于新风来说,含有热量(冬季)或冷量(夏季)。在许多建筑中,排风是有组织的,因此有可能通过新风与排风的热湿交换,从排风中回收热量或冷量,减少新风的能耗。

(一)排风热回收的效率评价指标

当排风与新风之间只存在显热交换时,称为显热回收;当它既存在显热交换也存在潜热交换时,称为全热回收。评价热回收装置好坏的一项重要指标是热回收效率。热回收效率包括显热回收效率、潜热回收效率和全热回收效率(也称为焓效率),分别适用于不同的热回收装置。

(二)排风热回收系统的适用条件

当建筑物内没有集中的排风系统且符合下列条件之一时,建议设计热回收装置:①当直流式空调系统的送风量大于或等于 3000 m³/h,且新、排风之间的设计温差大于 8℃时;②当一般空调系统的新风量大于或等于 4000 m³/h,且新、排风之间的设计温差大于 8℃时;③设有独立新风和排风的系统时。过渡季节较长的地区,新、排风之间全年实际温差数应大于 10000℃·h/a。

对于使用频率较低的建筑物(如体育馆),宜通过能耗与投资之间的经济分析比较来决定是否设计热回收系统。新风中显热和潜热能耗的比例构成是选择显热和全热交换器的关键因素。在严寒地区宜选用显热回收装置;而在其他地区,尤其是夏热冬冷地区,宜选用全热回收装置。当居住建筑设置全年性空调或采暖系统,并对室内空气品质要求较高时,宜在机械通风系统中采用全热或显热热回收装置。

(三)排风热回收装置与系统形式

1. 转轮式全热交换器与热回收系统

转轮式全热交换器的转轮是用铝或其他材料制成,内有蜂窝状的空气通道,厚度为 200 mm。基材上浸涂氯化锂吸湿剂,以使转轮材料与空气之间不仅有热交换,而且有湿交换,即潜热交换。因此,这类换热器属于全热交换器。

转轮式全热交换器适用于排风不带有害物质和有毒物质的情况。一般情况下,宜布置在负压段。为了保证回收效率,要求新、排风的风量基本保持相等,最大不超过1∶0.75。如果实际工程中新风量很大,多出的风量可通过旁通管旁通。转轮两侧气流入口处,宜专设空气过滤器。特别是新风侧,应装设效率不低于30%的粗效过滤器。在冬季室外温度很低的严寒地区,设计时必须校核转轮上是否会出现结霜、结冰现象,必要时应在新风进风管上设空气预热器或在热回收装置后设温度自控装置;当温度达到霜冻点时,发出信号,关闭新风阀门或开启预热器。

2.板翘式热交换器及热回收系统

由若干个波纹板交叉叠置而成,波纹板的波峰与隔板连接在一起。如果换热元件材料采用特殊加工的纸(如浸氯化锂的石棉纸、牛皮纸等),既能传热又能传湿,但不透气,属全热交换器。

当排风中含有害成分时,不宜选用板翘式热交换器。实际使用时,在新风侧和排风侧宜分别设风机和粗效过滤器,以克服全热回收装置的阻力并对空气进行过滤。

3.热管式热交换器及热回收系统

热管式热交换器由若干根热管组成。热交换器分两部分,分别通过冷、热气流。热气流的热量通过热管传递到冷气流。为增强管外的传热能力,通常在外侧加翅片。热管式热交换器的特点是:只能进行显热传递;新风与排风不直接接触,新风不会被污染;可以在低温下传递热量,能在−40℃~500℃进行工作,热交换效率为50%~60%。

热管式热交换器冬季使用时,低温侧上倾5°~7°,夏季时可用手动方法使其下倾10°~14°。排风要求含尘量小,且无腐蚀性,迎面风速宜控制在1.5~3.5 m/s。当换热器启动时,应使冷、热气流同时流动或使冷气流先流动。当换热器停止时,应使冷、热气流同时停止或先停止热气流。排风热回收还可通过中间热媒循环(新排风侧各设置一个换热盘管,通过管路连通循环)方式、空气热泵方式进行。

二、空调冷凝热回收

常规空调系统通过冷却塔或直接将制冷过程中的冷凝热量排到室外

空气中。对于电动冷水机组,排热量为制冷量的 1.2～1.3 倍;对于热吸收式冷水机组,排热量为制冷量的 1.8～2.0 倍。比较容易实现的冷凝热量利用是用作生活热水预热或游泳池水加热等。冷凝热回收可以采用以下几种方案。

(一)冷却水热回收

冷却水热回收方案是在冷却水出水管路中加装一个热回收换热器,这样可以使热水系统从冷却水出水中回收一部分热量。虽然热水的出水温度小于冷却水的出水温度,但是冷水机组的制冷量与 COP 基本不变。此方案中,回收换热器可作为生活水系统的预热器,也可作为热泵的蒸发器,利用热泵系统进行热回收。

(二)排气热回收

排气热回收方案是在冷水机组制冷循环中增加热回收冷凝器,在冷凝器中增加热回收管束以及在排气管上增加换热器。目前常见的是采用热回收冷凝器。从压缩机排出的高温高压的制冷剂气体会优先进入热回收冷凝器中将热量释放给被预热的水。冷凝器的作用是将多余的热量通过冷却水释放到环境中。值得注意的是,热水的出水温度越高,冷水机组的效率就越低,制冷量也会相应减少。

三、其他热量回收

建筑排水中蕴藏着大量的热量。据测算,城市污水全部充当热源可以解决城市近 20% 建筑的采暖。利用热泵技术可将污水中的热量提取出来用作生活热水加热或采暖。例如,挪威奥斯陆以城市排水作为热源的热泵供热站,供热能力约 $8×10^6$ w。浴室等的排水,温度更高,可以直接用水—水板式换热器进行回收。

第六章　绿色生态理念的
建筑规划技术

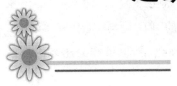

第一节　绿色生态建筑中的能源利用技术

一、污水再利用技术

(一)污水再利用需满足的要求

1. 技术可行性

　　城市污水处理一般均在城市周围,在许多城市,污水经过二级处理后可就近回用于城市和大部分工农业部门,无须支付再生费用,以二级处理出水为原水的工业净水厂的治水成本一般低于甚至远低于以自然水为原水的自来水厂,这是因为取水距离大幅缩短,节省了水资源费、远距离输水费和基建费。例如,将城市污水处理到可以回用作杂用水程度的基建费用,与从 15～30 km 外引水的费用相当;若处理到可回用作更高要求的工艺用水,其投资相当于从 40～60 km 外引水。而污水处理与净化的费用只占上述基建费用的小部分。此外,城市污水回用要比海水淡化经济,污水中所含的杂质少,只有 0.1％,可用深度处理方法加以去除;而海水则含有 3.5％的溶解盐和有机物,其杂质含量为污水二级处理出水的 35 倍以上。因此,无论基建费用还是运行成本,海水淡化费用都超过污水回用的处理费用,城市污水回用在经济上有较明显的优势。

2. 经济效益可行性

城市污水处理一般均在城市周围,在许多城市,污水经过二级处理后可就近回用于城市和大部分工农业部门,无须支付再生费用,以二级处理出水为原水的工业净水厂的治水成本一般低于甚至远低于以自然水为原水的自来水厂,这是因为取水距离大幅缩短,节省了水资源费、远距离输水费和基建费。例如,将城市污水处理到可以回用作杂用水程度的基建费用,与从 15～30 km 外引水的费用相当;若处理到可回用作更高要求的工艺用水,其投资相当于从 40～60 km 外引水。而污水处理与净化的费用只占上述基建费用的小部分。此外,城市污水回用要比海水淡化经济,污水中所含的杂质少,只有 0.1%,可用深度处理方法加以去除;而海水则含有 3.5% 的溶解盐和有机物,其杂质含量为污水二级处理出水的 35 倍以上。因此,无论基建费用还是运行成本,海水淡化费用都超过污水回用的处理费用,城市污水回用在经济上有较明显的优势。

3. 环境效益可行性

城市污水具有量大、集中、水质水量稳定等特点,污水进行深度处理后回用于工业生产,可使占城市用水量 50% 左右的工业用水的自然取水量大大减少,使城市自然水耗量减少 30% 以上,这将大大缓解水资源的不足,同时减少向水域的排污量,在带来可观的经济效益的同时也带来相当大的环境效益。

(二)污水再利用的意义

1. 缓解水资源短缺

由于全球性水资源危机正威胁着人类的生存和发展,世界上很多国家和地区已经对城市污水处理利用做出了总体规划,把经适当处理的污水作为一种新水源,以缓解水资源的紧缺状况。因此,我国推行城市污水资源化,把处理后的污水作为第二水源加以利用,是合理利用水资源的重要途径,可以减少城市新鲜水的取用量,减轻城市供水不足的压力和负担,缓解水资源的供需矛盾。

2.合理使用水资源

城市用水并非都需要优质水,只需满足所需要的水质要求即可。以生活用水为例,其中用于烹饪、饮用的水只占 5％左右,而对于占 20％、30％的非人体直接接触的生活杂用水则并无过高的水质要求。为了避免市政、娱乐、景观、环境用水过多而占用居民生活所需的优质水,水质要求较低的应该提倡采用污水处理后满足要求的再用水,即原则上不将高一级水质的水用于低一级水质要求的场合,这应是合理利用水资源的基本原则。

3.提高水资源利用的效益

城市污水和工业废水的水质相对稳定,易于收集,处理技术也较成熟,基建投资比远距离引水经济得多,并且污水回用所收取的水费可以使污水处理获得有力的财政支持,水污染防治得到可靠的经济保证。另外,污水处理利用减少了污水排放量,减轻了对水体的污染,可以有效地保护水源,相应降低了取自该水源的水处理费用。

(三)污水再利用类型和途径

1.作为工业冷却水

在城市用水中,70％以上为工业用水,而工业用水中 70％~80％用作水质要求不是很高的冷却水,将适当处理后的城市污水作为工业用水的水源,是缓解缺水城市供需矛盾的途径之一。工业用水户的位置一般比较集中,且一年四季连续用水,因而是城市污水处理厂出水的稳定受纳体。根据生产工艺要求、水冷却方式和循环水的散热形式,循环冷却水系统可分为密闭式和开放式两种。

2.作为其他工业用水

对于多种多样的工业,每种工业用水的水质要求和每种废水排出的水质各有不同,必须在具体情况具体分析的基础上经调查研究确定。

一般工业部门愿意接受饮用水标准的水,有时工业用水水质要比饮用水水质要求更严格。在这种情况下,工厂要按要求进行补充处理。再利用污水在其水质在满足不同的工业用水要求的情况下,可以广泛应用于造纸、化学、金属加工、石油、纺织工业等领域。

3.作为农田灌溉水

以污水作为灌溉用水在世界各地具有悠久的历史,早在 19 世纪后半期的欧洲发展最快。随着人口增加和工农业的发展,水资源紧缺日趋严峻,农业用水尤为紧张。

我国水资源并不丰富,又具有空间和时间分布不均匀的特点,造成城市和农业的严重缺水。多年来,在广大缺水地区,水成为农业生产的主要制约因素。污水灌溉曾经成为解决这一矛盾的重要举措。

总之,加强城市污水处理是发展污水农业回用的前提,污水农业回用必须同水污染治理相结合才能取得良好的成绩。

4.作为生活杂用水

生活杂用水包括景观、城市绿化、建筑施工、洗车、扫除洒水、建筑物厕所冲洗等场合。随着城市污水截流干管的修建,原有的城市河流湖泊常出现缺水断流现象,影响城市美观与居民生活环境,再生水回用于景观水体在美国、日本逐年扩大规模。再生水回用于景观水体要注意水体的富营养化问题,以保证水体美观。要防止再生水中存在病原菌和有些毒性有机物对人体健康与生态环境的危害。

5.作为地下回灌水

污水处理后向地下回灌是将水的回用与污水处置结合在一起最常用的方法之一。国内外许多地区已经采用处理后污水回灌来弥补地下水的不足,或补充作为饮用水水源。例如,上海和其他一些沿海地区,由于工业的发展和人口的增加使地下水水位下降,从而导致咸水入侵。污水经过处理后向地下回灌再生水后,阻止了咸水入侵。污水经过处理后还可向地下油层注水。国外很多油田和石油公司已经进行了大量的注水研究工作,以提高石油的开采量。

(四)污水处理技术

1.物理法

无论是生活污水还是工业废水都含有相同数量的漂浮物和悬浮物质,通过物理法去除这些污染物的方法即为物理处理。常用的处理方法有以下几种：筛滤截留法，主要是利用筛网、格栅、滤池与微滤机等技术来去除污水中的悬浮物；重力分离法，主要有重力沉降和气浮分离法；离心分离法，即不同质量的悬浮物在高速旋转的离心力场作用下依靠惯性被分离，主要使用的设备有离心机与旋流分离器等；高梯度磁分离法，即利用高梯度、高强度磁场分离弱磁性颗粒；高压静电场分离法，主要是利用高压静电场改变物质的带电特性，使之成为晶体从水中分离。

2.化学法

化学法是采用化学反应处理污水的方法，主要有以下几种：化学沉淀法，以化学法析出并沉淀分离水中的物质；中和法，用化学法去除水中的酸性或碱性物质；氧化还原法，利用溶解于废水中的有毒有害物质在氧化还原反应中能被氧化或还原的性质，将其转化为无毒无害的新物质；电解法，电解质溶液在电流的作用下，发生电化学反应的过程称为电解，处理废水中的有毒物质的方法称为电解法。

3.物理化学法

物理化学法主要包括：离子交换法，以交换剂中的离子基团交换去除废水中的有害离子；萃取法，以不溶于水的有机溶剂分离水中相应的溶解性物质；气提与吹脱法，去除水中的挥发性物质，如低分子、低沸点的有机物；吸附处理法，以吸附剂（多为多孔性物质）吸附分离水中的物质，常用的吸附剂是活性炭；膜分离法，利用隔膜使溶剂（通常为水）与溶质或微粒分离。

4.生物法

生物法包括活性污泥法、生物膜法、生物氧化塘、土地处理系统和厌氧生物处理法等。

二、可再生能源利用技术

(一)可再生能源的概念

可再生能源法中所称可再生能源，是指风能、太阳能、水能、生物质能、地热能、海洋能等非化石能源。可再生能源法要求从事国内地产开发的企业应当根据规定的技术规范，在建筑物的设计和施工中，为太阳能利用提供必备条件。对于既有建筑,住户可以在不影响其质量与安全的前提下安装符合技术规范和产品标准的太阳能利用系统。虽然我国在风能、生物质能、太阳能等领域已经取得了积极的成果,同时在地热(地冷)的开发利用方面也进行了有益的探索,但由于经济、技术等原因,这些技术领域并没有在建筑上得到广泛全面的应用。目前发展较快且在建筑领域便于推广、应用的可再生能源主要是太阳能和地热(地冷)能。

(二)地能利用原理与技术

1.地能利用原理

地能利用原理就是通过热泵机组将土壤中的低品位能源转换为可以直接利用的高品位能源,即在冬季把地能作为热泵供暖的热源,把高于环境温度的地能中的热能取出来供给室内采暖;在夏季把地能作为空调的冷源,把室内的热能取出来释放到低于环境温度的地能中,以实现冬季向建筑物供热、夏季提供制冷,并可根据用户的要求随时提供热水。

2.地源热泵应用方式

地源热泵是地能利用的一种常见方式,它是利用地下浅层地热源资源(也称地能,包括地下水、土壤或地表水等)既可制热又可制冷的高效节能空调系统。地源热泵通过输入少量的高品位能源(如电能),实现低温位热能向高温位转移。在冬季,把地能中的热取出来,提高温度后供给室内采暖;在夏季,把室内热量取出来,释放到地能中去。由于系统采取了特殊的换热方式,使之具有传统空调无法比拟的高效节能优点。

根据应用的建筑物对象,地源热泵可分为家用和商用两大类;按输送冷热量方式可分为集中系统、分散系统和混合系统。其中,家用系统是指用户使用自己的热泵、地源和水路或风管输送系统进行冷热供应,多用于小型住宅、别墅等户型空调。

三、太阳能与建筑一体化技术

(一)太阳能概述

1.太阳能的含义

太阳自古以来就被认为是万物之主。太阳内部氢聚变成氦的原子核反应,不停地释放出巨大的能量并向宇宙空间辐射,这就是太阳能。太阳能的范围非常大,地球上的风能、水能、海洋温差能、波浪能和生物质能,以及部分潮汐能都来源于太阳能。太阳能取之不尽,用之不竭,对环境无污染,不产生公害,被誉为最理想的能源。

太阳能是最重要的基本能源,如果连续照射 40 min,便可满足全人类一年的能量需求。太阳内部的这种核聚变反应可以维持很长时间,据估计有几十亿至几百亿年,相对于人类的有限生存时间而言,太阳能可以说是取之不尽、用之不竭,也是安全可靠、健康环保的能源。

2. 太阳能原理

太阳能是太阳内部连续不断的核聚变反应过程产生的能量。地球轨道上的平均太阳辐射强度为 1367 kW/m。地球赤道的周长为 40 000 km,从而可计算出,地球获得的能量可达 173 000 TW。在海平面上的标准峰值强度为 1 kW/m²,地球表面某一点 24h 的年平均辐射强度为 0.20 kW/m²,相当于 102 000 TW 的能量。人类依赖这些能量维持生存,其中包括所有其他形式的可再生能源(地热能资源除外),虽然太阳能资源总量相当于现在人类所利用的能源的一万多倍,但太阳能的能量密度低,而且它因地而异,因时而变,这是开发太阳能的主要问题。

太阳能既是一次性能源,又是可再生能源。它资源丰富,可免费使用,又无须运输,对环境无任何污染,为人类创造了一种新的生活形态,使社会及人类进入了一个节约能源、减少污染的时代。建筑是能源消耗大户且也是应用太阳能的重要方面,因此建筑的太阳能技术有着广阔的应用前景与十分重要的技术经济与生态环保意义。

3. 太阳辐射

太阳辐射热是地表大气热过程的主要能源,也是对建筑物影响较大的一个参数,日照和遮阳是建筑设计中最关键的因素,这都是针对太阳辐射的。特别是太阳能建筑的设计,必须仔细考虑可作为能源使用的太阳辐射热。

(1)直射辐射、散射辐射和总辐射

当太阳的射线到达大气层时,其中一部分能量被大气中的臭氧、水蒸气、二氧化碳和尘埃等吸收;另一部分被云层中的尘埃、冰晶、微小水珠及各种气体分子等反射或折射而形成漫反射,这一部分辐射能中的一部分返回到宇宙中,一部分到达地面。我们把改变原来方向而到达地面的这部分太阳辐射称为散射辐射,其余未被吸收和散射的太阳辐射仍按原来的方向,透过大气层直达地面,称此部分辐射为直射辐射。直射辐射和散射辐射之和称为总辐射。

(2)太阳常数

由于地球以椭圆形轨道绕太阳运行,因此太阳与地球之间的距离不是一个常数,而且一年中每天的日地距离也不一样。众所周知,某一点的辐射强度与距辐射源的距离的平方成反比,这意味着地球大气上方的太阳辐射强度会随日地间距离不同而异。然而,由于日地间距离太大(平均距离为 1.5×10^8 km),所以地球大气层外的太阳辐射强度几乎是一个常数。因此人们就采用太阳常数来描述地球大气层上方的太阳辐射强度。即太阳常数是指平均日地距离时,在地球大气层上界垂直于太阳辐射的单位表面积上所接受的太阳辐射能通过各种先进手段测得的太阳常数的标准值为 $1353\text{W}/\text{m}^2$。一年中由于日地距离的变化所引起太阳辐射强度的变化不超过 3.4%。

(3)太阳能量转换方式

①光能转热能

利用一些物质作为媒介,可以充分吸收太阳能并将其有效地转换成人类直接或间接使用的热能,如利用太阳能加热水,用于采暖供热。产生热能阳能光热管、支架、控制器等组成。

②光能转电能

由于一些物质能把光能转换成电能,如硅晶体等半导体就可以通过光把原子内部的电子激发而产生电势能,这种电势能经过特殊装置的处理、储存、输送就能成为人类使用的电能。

产生电能的多少取决于采光板的太阳能电池的采光面积与电池板的光转电质量。太阳能发电系统由太阳能电池组件、太阳能控制器、蓄电池(组)组成。若负载工作电压为交流220V,还需要配置相应的逆变器。

(二)太阳能与建筑一体化原理及意义

1.太阳能与建筑一体化原理

太阳能与建筑一体化是将太阳能利用设施与建筑有机结合,利用太阳能集热器(采光器)替代屋顶覆盖层或替代屋顶保温层,或作为建筑物外墙面,既消除了太阳能对建筑物形象的影响,避免了重复投资,又降低了工程成本,是未来太阳能技术发展的方向。其特点为:把太阳能的利用纳入环境的总体设计,把建筑、技术和美学融为一体,太阳能设施成为建筑的一部分,相互间有机结合,取代了传统太阳能的结构所造成的对建筑的外观形象的影响;利用太阳能设施完全取代或部分取代屋顶覆盖层,可减少成本,提高效益;可用于平屋顶或斜屋顶,一般对平屋顶而言用覆盖式,对斜屋顶而言用镶嵌式。

2.建筑应用太阳能的意义

气候变化已成为全球可持续发展面临的最严峻挑战之一。在坚持"共同而有区别的责任"原则下,以提高效能、发展清洁能源为核心,以转变发展方式、创新发展机制为关键,以经济社会可持续发展为目标的低碳发展应成为国际社会的共同行动。

我国正处于工业化、城镇化加快发展的重要阶段,发展经济和改善民生的任务十分繁重。我国人口多、气候条件复杂、生态环境脆弱,适应气候变化的任务十分艰巨。与此同时,积极应对气候变化、发展低碳经济,也为我国落实科学发展观、加快转变经济发展方式带来重要机遇。

(三)太阳能与建筑一体化技术设计优势与要点

1.设计优势

太阳能集热器、采光板、光电板、光导筒等作为后期添加的设备随意安装,不仅在造型上很难与建筑结合,影响美观,而且容易破坏建筑结构和设备系统,在防水、保温、隔声等方面会有所损失,出现得不偿失的不利局面,极大地影响太阳能技术的推广和应用。因此,在建筑设计之初就要做好统筹规划,使各项技术措施成为建筑不可缺少的一部分。

太阳能与建筑结合的优势包括:太阳能技术与建筑的结合能有效地减少建筑损耗,从而有效地减少占总耗能 30% 的建筑能耗;太阳能与建筑结合,电池板和集热器安装在屋顶或屋面上,不需要额外占地,节省了土地资源;太阳能与建筑结合,就地安装,就地发电上网和供应热水,不需要另外架设输电线路和热水管道,降低对市政配套的依赖,同时也减少了对市政建设的压力;太阳能产品没有噪声,没有排放,不消耗任何燃料,公众易于接受。

2. 设计要点

我国的太阳能真空管集热技术在国际上处于领先水平,新型太阳能集热器的试制成功使太阳能热水器可直接作为建筑构件,在屋顶、墙面和阳台上应用。

屋顶光伏发电系统与建筑结合的太阳能热水系统的共同点是,其太阳能采集部件、光伏系统的太阳电池板和太阳能热水系统的集热器,都可以安装在屋顶上,都需要在屋顶预留安装位置以及电路和水管的进出管路,要注意电池板和集热器的安装对建筑的功能和景观以及城市景观的影响。相比之下,太阳能热水系统与建筑结合的难度要大一些,主要原因是进出水管与屋顶的结合较难处理。

太阳能导热系统则需要在屋顶留置孔洞,用以安装导光筒、采光器等设施。

太阳能系统与建筑结合需要做到同步设计、同步施工。一体化结合至少达到如下四个方面的要求:在外观上,合理摆放光伏电池板和太阳能集热器与导光筒等设施,无论是在屋顶还是在立面墙上,应实现两者的协调与统一;在结构上,要妥善解决光伏电池板和太阳能集热器的安装问题,确保建筑物的承重、防水等功能不被破坏,不受影响,还要充分考虑光伏电池板和太阳能集热器抵御强风、暴雪、冰雹等的能力;在管路布置上,建筑物中都要事先留出所有管路的通口,合理布置太阳能循环管路以及冷热水供应管路,尽量减少在管路上的电量和热量的损失;在系统运行上,要求系统可靠、稳定、安全,易于安装、检修、维护,合理解决太阳能与辅助能源的匹配以及与公共电网的并网问题,尽可能实现系统智能化全自动控制。

第二节 绿色生态建筑的室内外控制技术

一、绿色建筑的室内环境技术

(一)室内声环境

随着城市化进程的进一步加快,噪声已成为现代化生活中不可避免的副产品。建筑声环境质量保障的主要措施是对振动和噪声的控制,以创造一个良好的室内外声环境。

1.环境噪声的控制

确定噪声控制方案的基本步骤具体如下:

首先,对噪声现状进行调查,以确定噪声的声压级;同时了解噪声产生的原因及周围的环境情况。

其次,结合噪声现状与相关的噪声允许标准,确定所需降低的噪声声压级数值。

最后,结合具体的需要和可能,采取综合的降噪措施。

2.建筑群及建筑单体噪声的控制

(1)优化总体规划设计

在规划及设计中采用缓和交通噪声的设计和技术方法,首先从声源入手,标本兼治,主要治本。在居住区的外围不可避免地会有交通,可以通过控制车流量来减少交通噪声。对于居住区的建设,在确定其用地前应从声环境的角度论证其可行性。要把噪声控制作为居住区建设项目可行性研究的一个方面,列为必要的基建程序。

在住宅建成后,环境噪声是否达到标准,应作为验收的一个项目。组团一般以小区主干道为分界线,组团内道路一般不通行机动车,须从技术上处理区内的人车分流,同时加强交通管理。

(2)临街布置对噪声不敏感的建筑

临街配置对噪声不敏感的建筑作为"屏障",可以降低噪声对其后居住区的影响。对噪声不敏感的建筑物是指本身无防噪要求的建筑物(如商业建筑),以及虽有防噪要求但外围护结构有较好的防噪能力的建筑物(如有空调设备的宾馆)。

结合噪声的传播特点,在设计居住区时,将对噪声限制要求不高的公共建筑布置在临街靠近噪声源的一侧,对区内的住宅能起到较好的隔声效果。

(3)在住宅平面设计与构造设计中提高防噪能力

如果缓和噪声措施未能达到规范所规定的噪声标准,这时用住宅围护阻隔的方法减弱噪声是一种行之有效的方法。在建筑设计前,应对建筑物防噪间距、朝向选择及平面布置等进行综合考虑。在防噪的平面设计中优先保证卧室安宁,即沿街单元式住宅,力求将主要卧室布置在背向街道一侧,住宅靠街的那一面布置住宅中的辅助用房,如楼梯间、储藏室、厨房、浴室等。若上述条件难以满足,可利用临街的公共走廊或阳台,采取隔声减噪处理措施。

(4)建筑内部的隔声

建筑内部的噪声主要是通过墙体传声和楼板传声传播的,可以借助提高建筑物内部构件(墙体和楼板)的隔声能力来解决。

(二)室内热湿环境

所谓建筑热湿环境,指的是室内空气温度、相对湿度、空气流速及围护结构辐射温度等因素综合作用形成的室内环境,是建筑环境中最主要的内容。绿色建筑的热湿环境保障技术主要包括两种:主动式保障技术和被动式保障技术。

1.主动式保障技术

所谓主动式环境保障,就是依靠机械和电气等设施,创造一种扬自然环境之长、避自然环境之短的室内环境。

(1)冷却塔供冷系统

冷却塔供冷系统是指在室外空气湿球温度较低时,利用流经冷却塔的循环水直接或间接地向空调系统供冷,而无须开启冷冻机来提供建筑物所需要的冷量,从而节约冷水机组的能耗,达到节能的目的。冷却塔供冷是近年来国外发展较快的节能技术。

（2）结合冰蓄冷的低温送风系统

蓄冷低温送风系统目前已在空调设计中有所应用。作为蓄冷系统，它虽然对用户起不到节能的作用，但却能平衡市区用电负荷，提高发电效率，对环境负荷的降低也是很有利的。

（3）去湿空调系统

去湿空调的原理很简单，室外新风先经过去湿转轮，由其中的固体去湿剂进行去湿处理，然后经过第二个转轮（热回收转轮），与室内排风进行全热或显热交换，回收排风能量。经过去湿降温的新风再与回风混合，经表冷器处理（此时表冷器处理基本上已是干冷过）后送入室内。

2.被动式保障技术

所谓被动式环境保障，就是利用建筑自身和天然能源来保障室内环境品质。用被动式措施控制室内热湿及生态环境，主要是做好太阳辐射和自然通风工作。

（1）控制太阳辐射

控制太阳辐射所采取的具体措施包括：选用节能玻璃窗；采用能将可见光引进建筑物内区，同时又能遮挡对周边区直射日光的遮檐；采用通风窗技术，将空调回风引入双层窗夹层空间，带走由日射引起的中间层百叶温度升高的对流热量；利用建筑物中庭，将昼光引入建筑物内区；利用光导纤维将光能引入内区，而将热能摒弃在室外；设建筑外遮阳板，也可将外遮阳板与太阳能电池（即光伏电池）相结合，降低空调负荷，为室内照明提供补充能源。

（2）利用有组织的自然通风

自然通风远不是开窗那么简单，尤其是在建筑密集的大城市中，利用自然通风要很好地分析其不利条件，应该因时、因地制宜，要权衡得失，趋利避害。

在实施自然通风时应采取如下步骤。

第一，了解建筑物所在地的气候特点、主导风向和环境状况。

第二，根据建筑物功能以及通风的目的，确定所需要的通风量。

第三，设计合理的气流通道，确定入口形式（窗和门的尺寸以及开启关闭方式)、内部流道形式(中庭、走廊或室内开放空间)、排风口形式(中庭顶窗开闭方式、气楼开口面积、排风烟囱形式和尺寸等)。

第四,必要时可考虑采用自然通风结合机械通风的混合通风方式,考虑设置自然通风通道的自动控制和调节装置等设施。

(三)室内空气质量

室内空气质量是一系列因素,如室外空气质量、建筑围护结构的设计、通风系统的设计、系统的操作和维护措施、污染物源及其散发强度等作用下的结果。减少室内污染物可以采取如下措施。

1.通风换气

预防室内环境污染,首先应尽可能改善通风条件,减轻空气污染的程度。开窗通风能使室内污染物浓度显著降低。

2.选择合格的建筑材料和家具

要使室内污染从根本上得到消除,必须消除污染源。除了开发商在建造房屋时要选择合格的材料外,住户在装修房子时也要选用环保材料,找正规的装修公司装修。

3.室内盆栽

绿色植物对居室的空气具有很好的净化作用。家具和装修所产生的VOC有害物质吸附和分解速度慢,作用时间长,为创造一个良好的室内环境可以在室内摆放盆栽花木,有些绿色植物是清除装修污染的"清道夫"。如芦荟、吊兰、常春藤、无花果、月季、仙人掌等。

二、绿色建筑的室外环境技术

(一)室外热环境

热环境是指影响人体冷热感觉的环境因素,主要包括空气温度和湿度。热环境在建筑中分为室内热环境和室外热环境,这里主要介绍室外热环境。在建筑组团的规划中,除满足基本功能外,良好的建筑室外热环境的创造也必须予以考虑。建筑室外热环境是建造绿色建筑的非常重要的条件。

(二)室外热环境规划设计

根据生态气候地方主义理论,建筑设计应该遵循:气候—舒适—技术—建筑的过程。

第一,调研设计地段的各种气候地理数据,如温度、湿度、日照强度、风向风力、周边建筑布局、周边绿地水体分布等构成对地块环境影响的气候地理要素。

第二,评价各种气候地理要素对区域环境的影响。

第三,采用技术手段解决气候地理要素与区域环境要求的矛盾。

第四,结合特定的地段,区分各种气候要素的重要程度,采取相应的技术手段进行建筑设计,寻求最佳设计方案。

(三)室外热环境设计技术

1.室外热环境设计技术措施

(1)地面铺装

地面铺装的种类很多,按照其自身的透水性能分为透水铺装和不透水铺装。这里以不透水铺装中的水泥、沥青为例做介绍。水泥、沥青地面具有不透水性,因此没有潜热蒸发的降温效果。其吸收的太阳辐射一部分通过导热与地下进行热交换,另一部分以对流形式释放到空气中,其他部分与大气进行长波辐射交换。研究表明,其吸收的太阳辐射能需要通过一定的时间延迟才释放到空气中。同时由于沥青路面的太阳辐射吸收系数更高,因此温度更高。

(2)绿化

绿地是塑造宜居室外环境的有效途径,同时对热环境影响很大,绿化植被和水体具有降低气温、调节湿度、遮阳防晒、改善通风质量的作用。而绿化水体还可以净化水质,减弱水面热反射,从而使热环境得到改善。

2.遮阳构件

室外遮阳形式主要包括人工构件遮阳、绿化遮阳、建筑遮阳。

下面主要介绍人工遮阳构件。

(1)遮阳伞(篷)、张拉膜、玻璃纤维织物等

遮阳伞是现代城市公共空间中最常见、方便的遮阳措施。很多商家

在举行室外活动时,往往利用巨大的遮阳伞来遮挡夏季强烈的阳光。

（2）百叶遮阳

百叶遮阳主要有下面的优点:百叶遮阳通风效果较好,可以降低其表面温度,改善环境舒适度;通过合理设计百叶角的角度,利用冬、夏太阳高度角的区别获得更合理利用太阳能的效果;百叶遮阳光影富有变化,韵律感很强,可以创造出丰富的光影效果。

第三节 绿色生态建筑的节约材料技术

一、绿色建筑材料的特征及分类

(一)绿色建材的特征

传统建筑材料的制造、使用以及最终的循环利用过程都产生了污染,破坏了人居环境和浪费了大量能源。绿色建材与传统建材相比可归纳出以下 5 个方面的基本特征:①绿色建材生产尽可能少用天然资源,大量使用尾矿、废渣、垃圾等废弃物。②采用低能耗和无污染的生产技术、生产设备。③在产品生产过程中,不使用甲醛、酯化物溶剂或芳香族碳氢化合物;产品中不含汞、铅、铬和镉等重金属及其化合物。④产品的设计以改善生产环境、提高生活质量为宗旨,产品具有多功能化,如抗菌、灭菌、防毒、除臭、隔热、阻燃、防火、调温、调湿、消磁、防射线、抗静电等。⑤产品可循环或回收及再利用,不产生污染环境的废弃物。

可见,绿色建材既满足了人们对健康、安全、舒适、美观的居住环境的需要,又没有损害子孙后代对环境和资源的更大需求,做到了经济社会的发展与生态环境效益的统一,当前利益与长远利益的结合。

(二)绿色建材的分类

1.节省能源和资源型建材

是指在生产过程中能够明显降低对传统能源和资源消耗的产品。因为节省能源和资源,使人类已经探明的有限的能源和资源得以延长使用年限。这本身就是对生态环境做出了贡献,也符合可持续发展战略的要求。同时降低能源和资源消耗,也就降低了危害生态环境的污染物产生量,从而减少了治理的工作量。生产中常用的方法如采用免烧或者低温合成,以及提高热效率、降低热损失和充分利用原料等新工艺、新技术和新型设备。此外,还包括采用新开发的原材料和新型清洁能源生产的产品。

2. 环保利废型建材

是指在建材行业中利用新工艺、新技术,对其他工业生产的废弃物或者经过无害化处理的人类生活垃圾加以利用而生产出的建材产品。例如,使用工业废渣或者生活垃圾生产水泥,使用电厂粉煤灰等工业废弃物生产墙体材料等。

3. 特殊环境型建材

是指能够适应恶劣环境需要的特殊功能的建材产品,如能够适用于海洋、江河、地下、沙漠、沼泽等特殊环境的建材产品。这类产品通常都具有超高的强度、抗腐蚀、耐久性能好等特点。我国开采海底石油、建设长江三峡大坝等宏伟工程都需要这类建材产品。产品寿命的延长和功能的改善,都是对资源的节省和对环境的改善。比如寿命增加1倍,等于生产同类产品的资源和能源节省了50%,对环境的污染也减少了50%。相比较而言,长寿命的建材比短寿命的建材就更增加了一分"绿色"的成分。

4. 安全舒适型建材

是指具有轻质、高强、防火、防水、保温、隔热、隔声、调温、调光、无毒、无害等性能的建材产品。这类产品纠正了传统建材仅重视建筑结构和装饰性能,而忽视安全舒适方面功能的倾向,因而此类建材非常适用于室内装饰装修。

5. 保健功能型建材

是指具有保护和促进人类健康功能的建材产品。它具有消毒、防臭、灭菌、防霉、抗静电、防辐射、吸附二氧化碳等对人体有害的气体等功能。这类产品是室内装饰装修材料中的新秀,也是值得今后大力开发、生产和推广使用的新型建材产品。

二、传统建筑材料的绿色化

固体废物的再生利用是节约资源、实现绿色建筑材料发展的一个重要途径。同时，也减少了污染物的排放，避免末端处理的工序，保护了环境。一般来说，传统材料主要追求材料的使用性能；而绿色建筑材料追求的不仅是良好的使用性能，而且从材料的制造、使用、废弃直至再生利用的整个寿命周期中，必须具备与生态环境的协调共存性，对资源、能源消耗少，生态环境影响小，再生资源利用率高，或可降解使用。

(一)建筑玻璃的绿色化

20 世纪 60 年代，随着第一批玻璃幕墙出现，建筑幕墙一直占据着建筑市场的主导位置并引领着建筑行业技术的发展。到目前为止，建筑对玻璃的要求经过了从白玻璃、本体着色玻璃、热反射镀膜玻璃到低辐射镀膜玻璃的变化。玻璃的颜色也由无色、茶色、金黄色到蓝色、绿色并最后向通透方向的发展变化。随着现代建筑设计理念的人性化、亲近自然，以及世界各国对能源危机的忧患意识的提高，对建筑节能的重视程度也越来越高，对玻璃的要求也逐步向功能性、通透性转变。全世界建筑行业对玻璃的要求有向高通透、低反射或者减反射的方向转变的趋势。

绿色建筑玻璃应包括生产的绿色化和使用的绿色化：一是节能，门洞窗口是节能的薄弱环节，玻璃节能性能反映了绿色化程度；二是提高玻璃窑炉的熔化规模，其燃烧方式有氧气喷吹、氧气浓缩、氧气增压等先进燃烧工艺，比传统方式提高了生产清洁度，降低能耗，减少污染物排放和延长熔炉寿命；三是有高度的安全性，防止化学污染和物理污染。对于不同地区，要有不同的选择。

(二)水泥与混凝土类建材绿色化

传统水泥从石灰石开采，经窑烧制成熟料，再加入石膏研磨成水泥，生产过程耗用大量煤与电源，并排放大量二氧化碳，污染了环境，不是绿色建材。为了水泥建材的绿色化，我国发展以新型干法窑为主体的具有自主知识产权的现代水泥生产技术，大量节约了资源，减少了二氧化碳的排放量，采用高效除尘技术、烟气脱硫技术等，基本解决了粉尘、二氧化碳和氧化氮气体的排放及噪声污染问题。高性能绿色水泥应具有高强度、优异耐久性和低环境负荷三大特征。因此,改变水泥品种,降低单方混凝土中的水泥用量,将大大减少水泥建材工业带来的温室气体排放和粉尘污染,还能够降低其水化热,减少收缩开裂的趋势。

传统混凝土强度不足,使得建筑构件断面积增大,构造物自重增加,减少了室内可用空间;且其用水量及水泥量较高,容易产生缩水、析离现象,容易具有潜变、龟裂等特点,使钢筋混凝土建筑变成严重浪费地球资源与破坏环境的构造。因此,使传统混凝土绿色化,开发高性能混凝土(HPC)十分必要。HPC除采用优质水泥、水和骨料之外,还采用掺足矿物细掺料以降低水胶比,以及使用高效外加剂来避免干缩龟裂问题,可节约10%左右的用钢量与30%左右的混凝土用量,可增加1.0%~1.5%的建筑使用面积,具有更高的综合经济效益。显然,使用无毒、无污染的绿色混凝土外加剂,推广使用HPC,注重混凝土的工作性,可节省人力,减少振捣,降低环境噪声;还可大幅度提高建筑建材施工效率,减少堆料场地,减少材料浪费,减少灰尘,减少环境污染。

(三)建筑用金属材料的绿色化

建筑用金属材料一般是指建筑工程中所应用的各种钢材(如各种型钢、钢板、钢筋、钢管和钢丝等)和铝材(如铝合金型材、板材和饰材等)。建筑钢材的绿色化,除建材钢铁工业的"三废"治理、综合利用和资源本土化以外,还必须改善生产工艺,采用熔融还原炼铁工艺,使用非焦煤直接炼铁,大幅缩短工艺流程,投资省、成本低、污染少,铁水质量能与高炉铁水相媲美,能够利用过程产生的煤气在竖炉中生产海绵铁,替代优质废钢供电炉炼钢。钢铁工业向大型化、高效化和连续化生产方向发展。以后通过提高炼铸比,向上游带动铁水预处理、炉外精炼和优化炼钢技术,向下游带动各类轧机的优化,实现铸坯热装热送、直接轧制和控制轧制等,最终实现钢材的绿色化生产。我国的铝土矿资源丰富,但氧化铝的含量也很高,所以建筑铝材的绿色化决定了必须采用高温熔出,用流程复杂的联合法处理,增加氧化铝生产的投资和能耗。

目前,建筑金属材料的绿色化技术主要强调在保持金属材料的加工性能和使用性能基本不变或有所提高的前提下,尽量使金属材料的加工过程消耗较少的资源和能源,排放较少的"三废",并且在废弃之后易于分解、回收和再生。开发金属材料的绿色化新工艺,如熔融还原炼铁技术、连续铸造技术、冶金短流程工艺、炉外精炼技术和高炉富氧喷煤技术,革新工艺流程对于降低材料生产的环境负荷有极其重要的意义。

(四)化学建材的绿色化

化学建材是指以合成高分子材料为主要成分,配有各种改性成分,经加工制成的用于建设工程的各类材料。目前,化学建材主要包括塑料管道、塑料门窗、建筑防水涂料、建筑涂料、建筑壁纸、塑料地板、塑料装饰板、泡沫保温材料和建筑胶黏剂等各类产品。

例如,由于本身导热性差和多腔室结构,塑料门窗型材具有显著的节能效果。它在生产环节、使用环节不但可以节约大量的木、钢、铝等材料和生产能耗,还可以降低建筑物在使用过程中的能量消耗。因此,大力发展多腔室断面设计,降低型材壁厚,增加内部增强筋与腔室数量,一般是9~13个,用于别墅和低层建筑时不需要加钢衬,且提高了其保温、隔热、隔声效果,具有很好的绿色化效果。

传统的建筑涂料大多是有机溶剂型涂料,在使用过程中释放出有机溶剂,室内长期存在大量的可挥发性的有机物,除对人体有刺激外,还会影响到视觉、听觉和记忆力,会使人感到乏力和头疼。有资料介绍,从室内空气中可析出近百种有机物,其中有20余种具有致突变性(包括致癌)作用,大部分来自化学建材。因此,开发非有机溶剂型涂料等绿色化学建材(如水性涂料、辐射固化涂料、杀虫涂料等)就显得非常重要。传统的建筑涂料和建筑胶粘剂在使用中放出甲醛等有害气体,现正向无毒、耐热、绝缘、导热的绿色化方向发展。

(五)木材的绿色化

木材是人类社会最早使用的材料,也是直到现在一直被广泛使用的优秀生态材料,它是一种优良的绿色生态原料,但在其制造、加工过程中,由于使用其他胶粘剂而破坏了产品原有的绿色生态性能。目前的问题是,人类对一切可再生资源的开发和获取规模及强度要限制在资源再生产的速度之下,不耗资源而导致其枯竭,木材要达到采补平衡。木材的绿色化生产除具有优异的物化性能和使用性能外,还必须具有木材的生态环境协调性,在绿色化生产过程中,对每一道工序都严格按照环境保护要求,不仅从污染角度加以考虑,同时从产品的实用性、生态性、绿色度等方面进行调整。木材的生产工艺可归结为原料的软化和干燥、半成品加工和储存、施胶、成型和预压、热压、后期加工、深度加工等。木材的绿色化生产的关键是进行木材的生态适应性判断,应具备木材生产能耗低,生产过程无污染,原材料可再资源化,不过度消耗资源,使用后或解体后可再利用,可保证原材料的持续生产,废料的最终处理不污染环境,对人的健康无危害,同时达到环境负荷较小并保留木材的环境适应性,创造出人类与环境和谐的协调系统。

(六)建筑卫生陶瓷的绿色化

建筑卫生陶瓷产品具有洁净卫生、耐湿、耐水、耐用、价廉物美、易得等诸多优点,其优异的使用功能和艺术装饰功能美化了人们的生活环境,满足了人们的物质生活和精神生活的双重需要,但陶瓷的生产又以资源的消耗、环境受到一定污染与破坏为代价。因此,建筑卫生陶瓷绿色化是一项解决发展中问题的系统性工作,也是行业可持续发展的保证。建筑卫生陶瓷的绿色化贯穿产品的生产和消费全过程,包括产品的绿色化和生产过程的绿色化。

产品绿色化的重点是:推广使用节水、低放射性、使用寿命长的高性能产品;超薄及具有抗菌、易洁、调湿、透水、空气净化、蓄光发光、抗静电等新功能产品;利于使用安全、铺贴牢固、减少铺贴辅助耗材、实现清洁施工的产品等。

建筑卫生陶瓷生产过程的绿色化重点是:陶瓷矿产资源的合理开发综合利用,保护优质矿产资源、开发利用红土类等铁钛含量高的低质原料及各种工业尾矿、废渣;推行清洁生产与管理,陶瓷废次品、废料的回收、分类处理与综合利用,洁净燃料的使用与废气治理,废水的净化和循环利用,粉尘噪声的控制与治理;淘汰落后,开发推广节能、节水、节约原料、高效生产技术及设备等。

建筑陶瓷绿色化要求树立陶瓷"经济—资源—环境"价值协同观,在发展中持续改进、提高、优化。绿色化需要企业、政府、消费者及社会各界的重视,需要正确处理眼前利益与长远利益、局部利益与公众利益的关系,需要法律法规、道德的约束和超前的远见卓识,需要正确的引导与调控、严格的管理与监督,需要政策的鼓励和科技的支持。建筑卫生陶瓷绿色化不应仅是概念的炒作或是产品的标签,而是功在当代、利在千秋的事业,这也是"建筑卫生陶瓷消费者专家援助机构"努力追求的目标。

三、新型的绿色化建筑材料

(一)透明的绝缘材料

绝热是一种防止热量损失和实现能源经济实用的最简单方法,建筑绝热的主要功能是防止热量泄漏、节约能量、控制温度和储存热能。传统的绝缘材料是迟钝和多孔渗水的,而且可以划分为含纤维的、细胞的、粒状的和反射型。这些绝缘材料的热性能是根据导热系数来说明的。惰性气体是一种很好的绝缘材料,它的导热系数为 0.026 W/(m · K)。气体单元的直径大约为 0.09 μm,它比气体平均自由行程还小。通过绝缘材料的传热是靠固体媒介的传导、对流和辐射穿过气体单元的。还有一些热能损失是由于绝缘惰性材料自身的热能系统。

透明的绝缘材料表现出在气体间隙中一种全新的绝热种类,它们被用来减少不必要的热能损失,这些材料是由浸泡在空气层中明显的细胞排列组成的。就透明固体媒介中的气体间隙而言,这些材料和传统绝缘材料很相似。透明的绝热材料对太阳光是透射的,然而它能够提供很好的绝热性,使建筑物室外热能系统得到更多的太阳光应用,被用作建筑物的透明覆盖系统。透明绝缘材料的基本物理原理是利用吸收的太阳辐射波长和放出不同波长的红外线。高太阳光传送率和低热量损失系数是描述透明绝缘材料的两个参数。高光学投射比可以通过透明建筑材料,例如低钢玻璃、聚碳酸酯薄墙或光亮的凝胶体来实现。低热辐射损失可以通过涂上一层低反射率的漆来实现,低导热系数可以通过薄壁蜂房形建筑材料的使用来实现。低对流损失可以通过使用细胞形蜂窝构造避免气体成分的整体运动来抑制对流。这些特性联合起来使各种各样的透明绝缘材料得以实现,这些材料的导热系数值低于 1W/(m·K),而阳光传送率则高于 80%。

(二)相变材料

一般来说,储量会由于资源和负荷的失谐而减少。热能可以以一般形式储存起来,它是因为储存的材料温度会随着能量储量而变化,熔的储存包括了热容器和温差。水拥有高储存容量和优良的传热特性,因此在低温应用中水被视为最好的热量储存材料。碎石或沙砾同样适合某些应用,它的热容大约是水的 1/5,因此储存相同数量的热能需要的存储器将是储水的 5 倍。对于高温热储存,铁是一种合适的材料。在潜热储存阶段,由于吸收或者释放热能材料的温度保持不变,这个温度等于熔化或者汽化的温度,这称为材料的相变。

相变材料的突出优点是轻质的建筑物可以增加热量,这些建筑由于它们的低热量,可以发生高温的波动,这将导致高供暖负荷和制冷负荷。在这样的建筑中使用相变材料可以消除温度的起伏变化,而且可以降低建筑的空调负荷。一种有效的做法是建筑中应用了 PCM,将 PCM 注入多孔渗水的建筑材料中,这样可以提高热质量。这样潜热储存系统就比显热储存系统更加简洁。

另一种为人所知的储存是热化储存,在吸热化学反应过程中,热量被吸收而产物被储存。按照要求在放热反应过程中,产物释放出热量。化学热泵储存要与吸收循环的太阳热泵结合在一起利用这种方法,在白天使用太阳能将制冷剂从蒸发器中的溶液中蒸发出来,然后存储在冷凝器中。当建筑中需要热量的时候,储存的制冷剂在融入溶液之前在室外的空气盘管中蒸发,从而释放存储的能量。

(三)玻晶砖

以碎玻璃为主要原料生产出的玻晶砖是一种既非石材也非陶瓷砖的新型绿色建材,玻晶砖是以碎玻璃为主,掺入少量黏土等原料,经粉碎、成型、晶化、退火而成的一种新型环保节能材料。玻晶砖除可制作结晶黏土砖外,也可制作出天然石材或玉石的效果,有多种颜色和不同规格形态,通过不同颜色的产品搭配,能拼出各种各样富于创意空间的花色图案,美观大方。可用于各种建筑物的内、外墙或地面装修。表面如花岗岩或大理石一般光滑的玻晶系列产品可显示出豪华的装饰效果。采用彩色的玻晶砖装修内墙和地面,其高雅程度可与高级昂贵的大理石或花岗岩相媲美。而且,这种产品还具有优良的防滑性能以及较高的抗弯强度、耐蚀性、隔热性和抗冻性,是一种完全符合"减量化、再利用、资源化"三原则的新型环保节能材料。

(四)硅纤陶板

硅纤陶板又称纤瓷板,是近年来开发的新型人造建材。与天然石材相比,具有强度高、化学稳定性好、色彩可选择、无色差、不含任何放射性材料等优点。它的表面光洁晶亮,既有玻璃的光泽又有花岗岩的华丽质感,可广泛用于办公楼、商业大厦、机场、地铁站、购物娱乐中心等大型高级建筑的内外装饰,是现代建筑外、内墙装饰中,可供选择的较为理想的绿色建材。

硅纤陶板采用陶瓷黏土为主要原料,添加硅纤维及特殊熔剂等辅料,经棍道窑二次烧制而成。成品的坯体呈现白色,属于陶瓷制品中的白坯系列,较普通瓷砖的红坯系列,不仅密实度较高且杂质含量少。硅纤陶板的原料陶瓷黏土是一种含水铝硅酸盐的矿物,由长石类岩石经过长期风化与地质作用生成。它是多种微细矿物的混合体,主要化学组成为二氧化硅、三氧化二铝和结晶水,同时含有少量碱金属、碱土金属氧化物和着色氧化物。它具有独特的可塑性和结合性,加水膨润后可捏成泥团,塑造成所需要的形状,再经过焙烧后,变得坚硬致密。这种性能构成了陶瓷制作的工艺基础,使硅纤陶板的生产成为可能。

由于陶瓷黏土矿分布面广、蕴藏量丰富,因此价格相对较低。生产资源的优势也使硅纤陶板的生产可以不受地域的限制,故较易推广。

在提倡节约能源的今天,应该提倡使用硅纤陶板。因为它是由黏土烧制而成,生产这种板材与开采石料相比,能降低近40%的能源消耗,并减少了金属材料的使用。同时,由于硅纤陶板薄,传热快而均匀,烧成温度和烧成周期大幅缩短,使烧制过程中的有害气体排放量可减少20%～30%,可有效保护环境。

参考文献

[1]莫妮娜,李彦儒.绿色建筑设计[M].重庆:重庆大学出版社,2022.

[2]张立华,宋剑.绿色建筑工程施工新技术[M].长春:吉林科学技术出版社,2022.

[3]范渊源,董林林.现代建筑绿色低碳研究[M].长春:吉林科学技术出版社,2022.

[4]庄宇.夏热冬冷地区住宅设计与绿色性能[M].上海:同济大学出版社,2022.01.

[5]李英军,杨兆鹏.绿色建造施工技术与管理[M].长春:吉林科学技术出版社,2022.

[6]杨英丽,赵六珍.建筑设计原理与实践探究[M].长春:吉林出版集团股份有限公司,2022.

[7]李宏图.装配式建筑施工技术[M].郑州:黄河水利出版社,2022.

[8]杨方芳.绿色建筑设计研究[M].北京:中国纺织出版社,2021.

[9]赵先美.生活中的绿色建筑 第 2 版[M].广州:暨南大学出版社,2021.

[10]杜涛.绿色建筑技术与施工管理研究[M].西安:西北工业大学出版社,2021.

[11]刘松石,王安.基于新时代背景下的绿色建筑设计[M].北京:中国纺织出版社,2021.

[12]牛烨,张振飞.基于绿色生态理念的建筑规划与设计研究[M].成都:电子科技大学出版社,2021.

[13]冷嘉伟,虞菲.高大空间公共建筑绿色设计导则[M].南京:南京东南大学出版社,2021.

[14]冯立雷.绿色建造新技术实录[M].北京:机械工业出版社,2021.

［15］杨承恕,陈浩.绿色建筑施工与管理 2020［M］.北京:中国建材工业出版社,2020.

［16］张甡.绿色建筑工程施工技术［M］.长春:吉林科学技术出版社,2020.

［17］侯立君,贺彬.建筑结构与绿色建筑节能设计研究［M］.北京:中国原子能出版社,2020.

［18］蒋筱瑜.绿色建筑施工图识读［M］.重庆:重庆大学出版社,2020.

［19］郭啸晨.绿色建筑装饰材料的选取与应用［M］.武汉:华中科技大学出版社,2020.

［20］王爱风,王川.基于可持续发展的绿色建筑设计与节能技术研究［M］.成都:电子科技大学出版社,2020.

［21］姜立婷.绿色建筑节能与节能环保发展推广研究［M］.哈尔滨:哈尔滨工业大学出版社,2020.

［22］张泽江,刘微.城市交通隧道火灾蔓延控制绿色建筑消防安全技术［M］.成都:西南交通大学出版社,2020.

［23］韩文.建筑陶瓷智能制造与绿色制造［M］.北京:中国建材工业出版社,2020.

［24］赵永杰,张恒博.绿色建筑施工技术［M］.长春:吉林科学技术出版社,2019.

［25］赵先美.生活中的绿色建筑［M］.广州:暨南大学出版社,2019.

［26］华洁,衣韶辉.绿色建筑与绿色施工研究［M］.延吉:延边大学出版社,2019.

［27］胡文斌.教育绿色建筑及工业建筑节能［M］.昆明:云南大学出版社,2019.

［28］杨绍红,沈志翔.绿色建筑理念下的建筑工程设计与施工技术［M］.北京:北京工业大学出版社,2019.

［29］李建国,吴晓明.装配式建筑技术与绿色建筑设计研究［M］.成都:四川大学出版社,2019.

［30］王禹,高明.新时期绿色建筑理念与其实践应用研究［M］.北京:中国原子能出版社,2019.

[31]姚建顺,毛建光.绿色建筑[M].北京:中国建材工业出版社,2018.

[32]沈艳忱,梅宇靖.绿色建筑施工管理与应用[M].长春:吉林科学技术出版社,2018.

[33]叶青,赵强.中荷绿色建筑评价体系整合研究[M].武汉:华中科技大学出版社,2018.

[34]胡德明,陈红英.生态文明理念下绿色建筑和立体城市的构想[M].杭州:浙江大学出版社,2018.

[35]王燕飞.面向可持续发展的绿色建筑设计研究[M].北京:中国原子能出版社,2018.

[36]张柏青.绿色建筑设计与评价技术应用及案例分析[M].武汉:武汉大学出版社,2018.

[37]李通.建筑设备[M].北京:北京理工大学出版社,2018.